Mein Mathebuch 4

Ausgabe Bayern

Herausgegeben von:

Johanna Schmidt (Regensburg)

Erarbeitet von:

Brigitte Dangelat-Bergner (Regensburg)

Andrea Kasperbauer (Regensburg)

Christiane Listl (Wiesent)

Oldenbourg Schulbuchverlag, München

Inhalt

Zahlen und Operationen · Raum und Form · Größen und Messen

Daten und Zufall · Lernstandserhebung

Mein Mathebuch

Aufgabenniveau

1 Dies sind einfache Übungsaufgaben.

2 Hier kannst du Zusammenhänge entdecken.

3 Bei diesen Aufgaben musst du gründlich überlegen.

Gelbe Unterlegungen

Manche Aufgaben sind gelb unterlegt: $5 \cdot 80 = \square$
Dazu gibt es Hilfen am Rand.

Immer wieder, immer wichtig

Übe diese Aufgaben immer wieder 6 bis 8 Minuten lang.
Im Lauf der Zeit schaffst du immer mehr.

Lösungszahlen

Kontrolliere mit den blauen Zahlen in den Klammern (5) oder
unter den Aufgaben 7, 12, 15, 19 oder mit der Prüfzahl (PZ)
deine Lösungen.

Schlag nach

→ S. 136

Hast du vergessen, was dieses Wort bedeutet?
Schlag hinten im Buch auf den Seiten 134 bis 136 nach.

Das kann ich schon / Überprüfen und üben

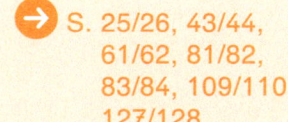
→ S. 25/26, 43/44, 61/62, 81/82, 83/84, 109/110, 127/128

Mit diesen Seiten kannst du testen, ob du alles gut verstanden
hast.

Unser Mathebuch

Erfinde Aufgaben für „Unser Mathebuch".

Geometrie-Seiten

Die Geometrie-Seiten sind unten bei der Seitenzahl gelb
markiert. So kannst du sie leicht in der Mitte des Buches finden.
Warum in der Mitte? Weil Geo richtig wichtig ist.

Meine Mathebox

Dein Arbeitsheft enthält neue Kärtchen für die Mathebox.
Schneide die Kärtchen aus und übe damit.

AH   FA Hier findest du passende Seiten aus deinem Arbeitsheft und zur Freiarbeit.

Reise ins Land des Sachrechnens

Wir reisen mit Bibu durchs Land des Sachrechnens.
In seinen Waggons hat er hilfreiche Tipps dabei.

 Sei schlau, lies genau!

→ S. 13, 14

 Erst spielen oder erzählen,
dann die Rechnung wählen.

→ S. 13, 14

 Signalwörter erkennen,
Rechenzeichen nennen!

→ S. 13, 14, 28, 29

 Zeichne einfach, zeichne klar,
schon stellt sich die Lösung dar.

→ S. 13, 14, 114, 115

 Die Frage führt zur Antwort.

→ S. 13, 14

 Nach dem Rechnen fällt mir ein,
wird die Antwort logisch sein?

→ S. 14

 Diese Station ist neu:
Kommt mir ein langer Text in die Quere,
benutze ich, schnipp, schnapp, die Schere.

→ S. 97–99

ICH + DU + WIR

So löst ihr Probleme Schritt für Schritt:

ICH Überlege zuerst alleine.
Wie gehe ich vor?

DU Tausche dich dann mit deinem Partnerkind aus.
Wie gehst du vor?   Ich löse das Problem so, weil …

WIR Vergleicht nun eure Lösungswege und Entdeckungen in
der Gruppe. Welche nützen besonders? Begründet.
Dieser Weg gefällt mir am besten, weil …

→ S. 134, 136

Dazuzählen heißt addieren. Eine Plusrechnung ist eine Addition. Abziehen heißt subtrahieren. Eine Minusrechnung ist eine Subtraktion.

→ S. 135, 136

Ü: 300 + 400 = 700

```
  326        P:   443
+ 443           + 326
-----           -----
  769             769
```

Finde mindestens 5 dreigliedrige Additionsaufgaben mit dem Ergebnis 1 000. Wie gehst du vor? Beschreibe.

Ü: 600 − 300 = 300

```
  584        P:   263
               + 321
- 321           -----
-----             584
  263
```

Schriftliches Addieren und Subtrahieren
Beginne beim Einer.
Rechne von oben nach unten.

1

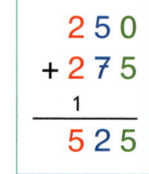

ICH ▸ Wie rechnest du?
DU ▸ Wie rechnet dein Partnerkind? Vergleicht.
WIR ▸ Vergleicht in der Gruppe. Welche Wege sind geschickt? Begründet.

2 So rechnen die Kinder. Erkläre.

```
  250
+ 275
    1
-----
  525
```

0E + 5E = 5E, 5E an.
5Z + 7Z = 12Z. Ich wechsle.
2Z an, 1H gemerkt.
2H + 2H + 1H = 5H, 5H an.

Andi

7E − 3E = 4E, 4E an.
7Z − 9Z geht nicht.
Ich entbündle 1H in 10Z. Strich!
17Z − 9Z = 8Z, 8Z an.
9H − 1H − 8H = 0H.

Fine

```
  977
  |
- 893
-----
   84
```

3 Überschlage (Ü), addiere schriftlich und mache die Probe (P).

```
a)   326    b)   564    c)   186    d)   673    e)   498    f)   386
   + 443       + 325       + 233       + 245       + 274       + 595
   PZ: 22      PZ: 25      PZ: 14      PZ: 18      PZ: 16      PZ: 18
```

4 Addiere schriftlich. Schreibe H unter H, Z unter Z, E unter E.

a) 487 + 124 + 209
654 + 97 + 186
24 + 106 + 490
501 + 299 + 58

b) 309 + 428 + 9
198 + 76 + 476
26 + 309 + 598
458 + 69 + 97

c) 38 + 327 + 464
4 + 531 + 297
179 + 96 + 725
229 + 635 + 84

620, 624, 746, 750, 820, 829, 832, 858, 933, 937, 948, 1 000

5 Überschlage (Ü), subtrahiere schriftlich und mache die Probe (P).

```
a)   584    b)   498    c)   634    d)   468    e)   504    f)   942
   − 321       − 310       − 218       − 359       − 438       − 783
   PZ: 11      PZ: 17      PZ: 11      PZ: 10      PZ: 12      PZ: 15
```

6 Subtrahiere schriftlich. Schreibe H unter H, Z unter Z, E unter E.

a) 723 − 402
287 − 130
694 − 41
407 − 302

b) 856 − 763
860 − 548
306 − 185
624 − 19

c) 776 − 89
641 − 283
924 − 189
654 − 456

93, 105, 121, 157, 198, 312, 321, 358, 605, 653, 687, 735

7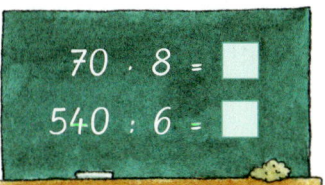

→ S. 134, 135

ICH Wie rechnest du?
DU Wie rechnet dein Partnerkind? Vergleicht.
WIR Vergleicht in der Gruppe. Welche Wege sind geschickt? Begründet.

$70 \cdot 8 = \square$
$540 : 6 = \square$

Malnehmen heißt *multiplizieren*. Eine Malrechnung ist eine *Multiplikation*. Teilen heißt *dividieren*. Eine Geteiltrechnung ist eine *Division*.

8 So rechnen die Kinder. Erkläre.

$70 \cdot 8 = 560$
denn
$7 \cdot 8 = 56$

$540 : 6 = 90$
denn
$54 : 6 = 9$

Luisa

Fabian

9 Multipliziere. Überprüfe mit der kleinen Aufgabe.

a) $4 \cdot 80$	b) $4 \cdot 70$	c) $70 \cdot 9$	d) $60 \cdot 8$	e) $7 \cdot 80$
$6 \cdot 70$	$2 \cdot 40$	$90 \cdot 9$	$40 \cdot 3$	$60 \cdot 6$
$2 \cdot 90$	$6 \cdot 90$	$80 \cdot 7$	$90 \cdot 7$	$8 \cdot 90$
$3 \cdot 50$	$5 \cdot 80$	$50 \cdot 10$	$30 \cdot 9$	$70 \cdot 3$

$4 \cdot 80 = 320$
$4 \cdot 8 = 32$

10 Dividiere. Überprüfe mit der kleinen Aufgabe.

a) $180 : 3$	b) $300 : 6$	c) $350 : 70$	d) $240 : 30$	e) $250 : 5$
$490 : 7$	$240 : 4$	$480 : 80$	$360 : 40$	$630 : 90$
$200 : 5$	$640 : 8$	$140 : 20$	$420 : 60$	$400 : 8$
$450 : 9$	$720 : 9$	$540 : 60$	$210 : 30$	$320 : 40$

$180 : 3 = 60$
$18 : 3 = 6$

11 Dividiere und mache die Probe (P).

a) $46 : 7 = \square\ R\ \square$	b) $35 : 6 = \square\ R\ \square$	c) $69 : 9 = \square\ R\ \square$
$460 : 70 = \square\ R\ \square$	$350 : 60 = \square\ R\ \square$	$690 : 90 = \square\ R\ \square$
$51 : 8 = \square\ R\ \square$	$23 : 4 = \square\ R\ \square$	$48 : 5 = \square\ R\ \square$
$510 : 80 = \square\ R\ \square$	$230 : 40 = \square\ R\ \square$	$480 : 50 = \square\ R\ \square$

$46 : 7 = 6\ R\ 4$
$P: (6 \cdot 7) + 4 = 46$
42

12 Rechenschlange
(Spiel für 2 Gruppen)
- Die Kinder einer Gruppe stellen sich jeweils in einer Schlange auf.
- Die Lehrkraft nennt eine Multiplikations- oder Divisionsaufgabe.
- Das erste Kind in der Schlange, welches das Ergebnis schneller sagt, darf sich wieder hinten in der Schlange anstellen.
- Die Gruppe, die am schnellsten durch ist, gewinnt.

Franzi, Igor und Alexander haben in der Kastanienallee 270 Kastanien gesammelt, die sie gerecht untereinander aufteilen möchten. F: Wie viele Kastanien bekommt jedes Kind?

① Welche Zahlen sind in den Zeichen versteckt?
Wie gehst du vor? Tausche dich mit deinem Partnerkind aus.

a)

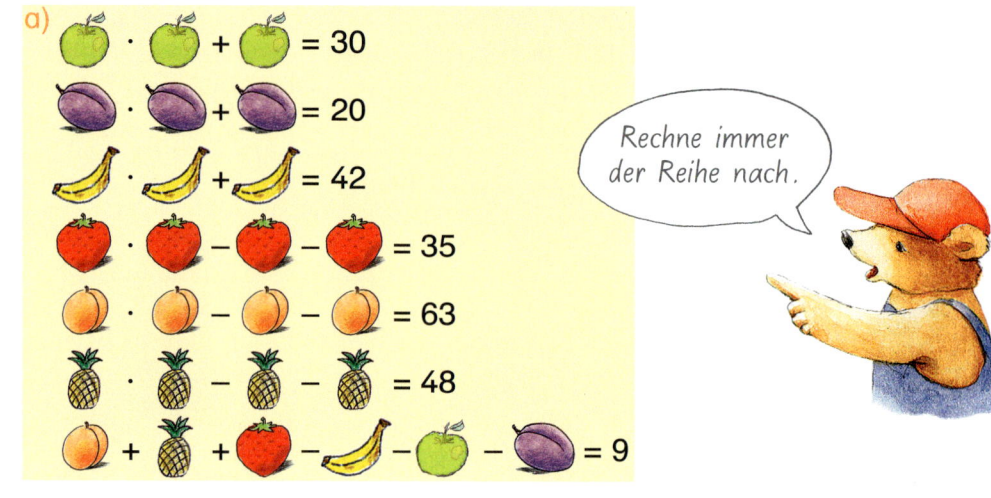

Rechne immer der Reihe nach.

b)

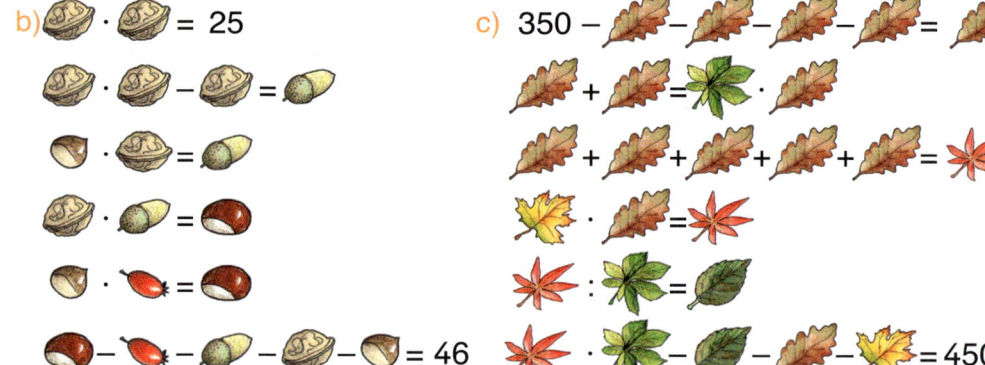

c) 350 − ...

d)

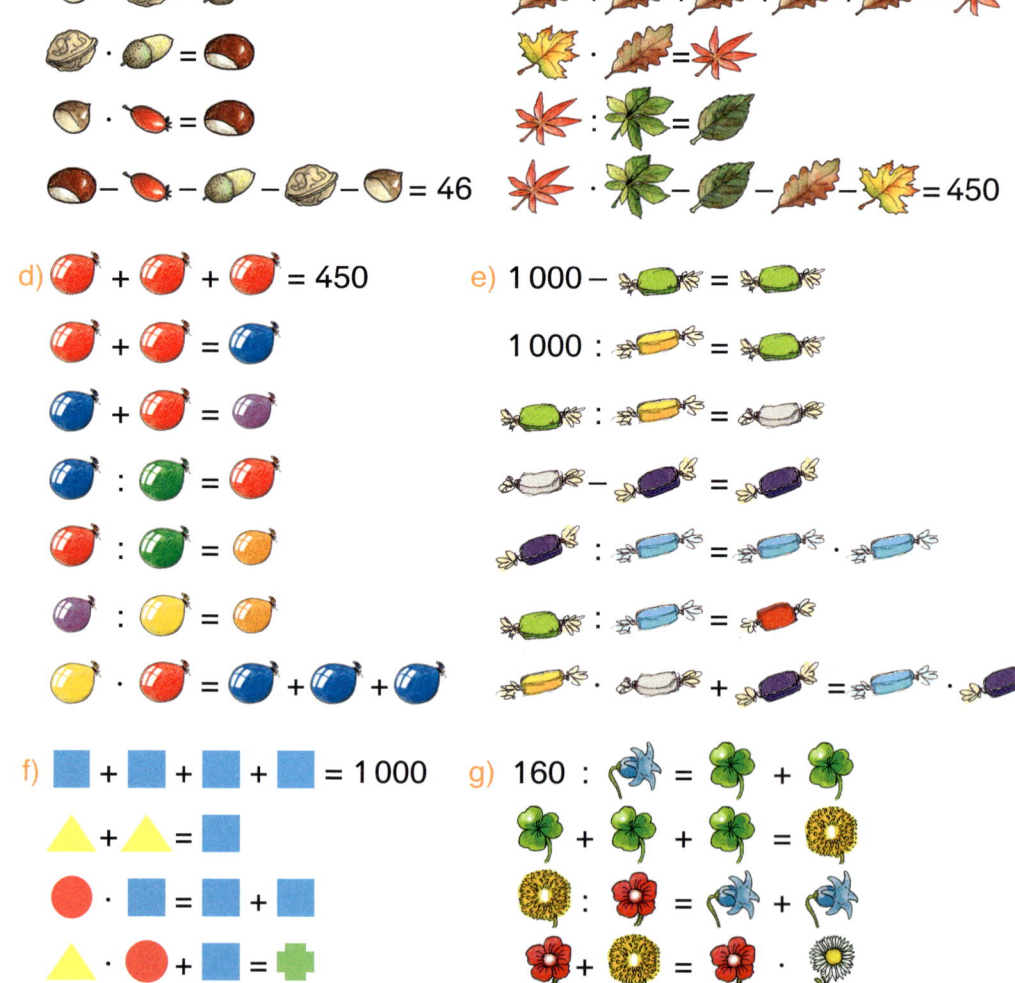

e) 1 000 − ...

f) ...

g) 160 : ...

Erfinde einen eigenen Code für „Unser Mathebuch".

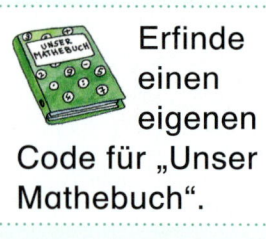

Vorteilhafte Lösungswege entwickeln

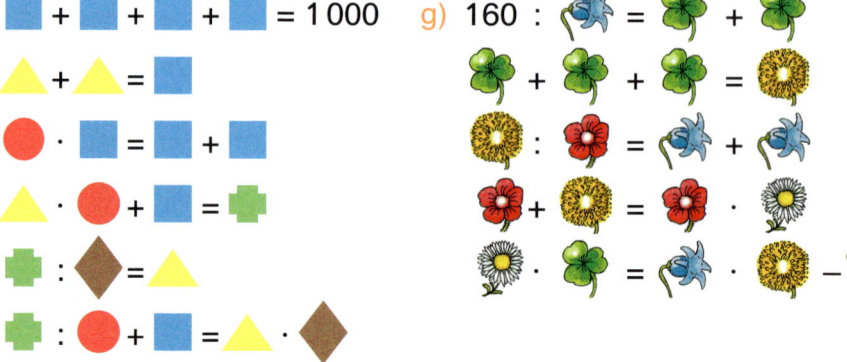

1 Ergänze die fehlenden Zahlen in den Rechenmauern.

a)

b)

c)

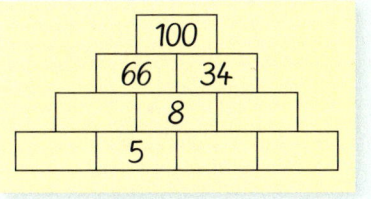

2 Hier musst du knobeln. Wie gehst du vor? Besprich dich mit deinem Partnerkind.

a)

b)

c)

3 Umgedrehte Rechenmauern! Subtrahiere jeweils die rechte von der linken Zahl und schreibe das Ergebnis in das Feld darunter.

a)
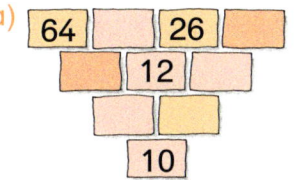

b)
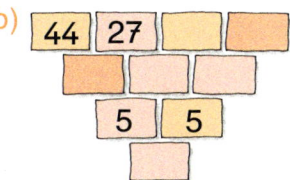

c)
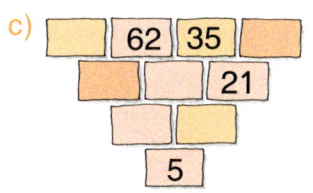

Bei den umgedrehten Rechenmauern dürfen die Zahlen von links nach rechts nicht größer werden.

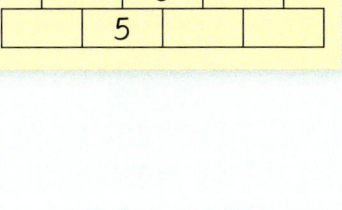

4 **ICH + DU** Erfinde Rechenmauern wie in Aufgabe 3. Dein Partnerkind ergänzt.

5 a)

b)

→ S. 136

6 **Zielzahl** 1 000! Finde viele unterschiedliche Mauern. Wie gehst du vor? Schreibe auf.

7 Verändere die linke Mauer so, dass die rechte Mauer stimmt. Wie gehst du vor? Schreibe auf. Es gibt viele Möglichkeiten.

Zielzahl + 10

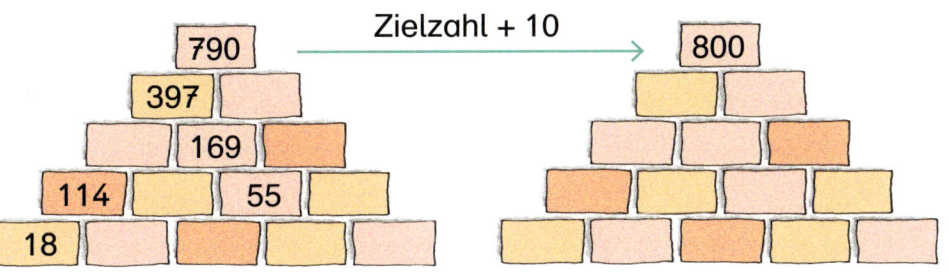

Gestalte eine Seite mit Rechenmauern für „Unser Mathebuch".

Was …
- … ist ungefähr 1 m lang oder hoch?
- … ist ungefähr 1 kg schwer?
- … kostet ungefähr 1 €?

Finde jeweils mindestens drei Beispiele.

ICH + DU

Nenne einen Geldbetrag bis 20 €. Dein Partnerkind ergänzt auf 20 €.

73 cm + 27 cm = 100 cm
P: 100 cm − 73 cm = 27 cm

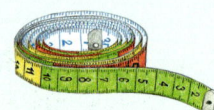

2 mm + 350 mm = 352 mm

➡ S. 133

1 € = 100 ct
1,10 € = 110 ct
0,10 € = 10 ct
0,01 € = 1 ct

1 km = 1 000 m
1 m = 100 cm
1 m = 1 000 mm
1 cm = 10 mm

1 kg = 1 000 g

① a) Schreibe zu jedem Bild die passende Länge.

A   B   C   D

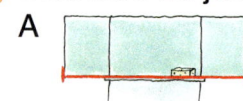

b) Schreibe zu jedem Bild das passende Gewicht.

A   B   C   D   E

② Schreibe die Sätze in dein Heft und ergänze passend.

Sich die Hände waschen dauert etwa ☐ .

Eine Kugel Eis kostet ungefähr ☐ .

Zweieinhalb Stadionrunden sind ☐ .

③ Immer 10 €! Ergänze und mache die Probe (P).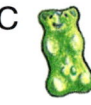

a) 2,98 €   b) 0,32 €   c) 5,05 €   d) 2,22 €   e) 9,09 €   f) 7,90 €
g) 4 ct   h) 3 € 2 ct   i) 508 ct   j) 703 ct   k) 57 ct   l) 4 € 99 ct

④ Wandle um, rechne und schreibe den Geldbetrag mit Komma.

a) 202 ct + 45 €   b) 9 € 24 ct + 12 ct   c) 38,94 € + 506 ct
d) 7,54 € + 96 ct   e) 420 ct + 298 € 3 ct   f) 880 ct + 6,28 €

⑤ Ergänze auf den nächsten Meter. Mache die Probe (P).

a) 73 cm   b) 990 cm   c) 521 cm   d) 243 cm   e) 869 cm   f) 456 cm

⑥ Immer 1 m (1 000 mm)! Ergänze und mache die Probe (P).

a) 11 mm   b) 851 mm   c) 1 mm   d) 404 mm   e) 690 mm   f) 38 mm
g) 46 cm 3 mm   h) 90 cm 9 mm   i) 3 cm 3 mm   j) 24 cm 2 mm

⑦ Wandle in eine gemeinsame Einheit um und rechne.
a) 2 mm + 35 cm   b) 3 m + 134 cm   c) 80 m + 53 cm
d) 24 cm + 3 mm   e) 840 mm + 32 cm   f) 40 cm + 203 mm

⑧ Immer 1 km (1 000 m)! Ergänze und mache die Probe (P).

a) 73 m   b) 482 m   c) 6 m   d) 305 m   e) 240 m   f) 114 m
g) 925 m 88 cm   h) 647 m 25 cm   i) 1 m 3 cm   j) 15 m 90 mm

⑨ Ergänze auf 1 kg (1 000 g). Mache die Probe (P).

a) 250 g   b) 222 g   c) 4 g   d) 112 g   e) 919 g   f) 375 g

⑩ Immer 1 000 kg! Ergänze und mache die Probe (P).

a) 45 kg   b) 242 kg   c) 899 kg   d) 484 kg   e) 643 kg   f) 121 kg
g) 132 kg   h) 352 kg   i) 698 kg   j) 919 kg   k) 91 kg   l) 3 kg

Wiederholung: Runden und überschlagen

1 Runde auf volle Zehner.

a) **55** b) 37 c) 194 d) 201 e) 643
f) 556 g) 713 h) 922 i) 568 j) 109

→ S. 135

$55 \approx 60$

Runden ≈
1, 2, 3, 4: abrunden
5, 6, 7, 8, 9: aufrunden

Tipp: Male einen Punkt unter die Stelle, die dir sagt, ob du auf- oder abrunden musst.

2 Runde auf volle Hunderter.

a) 249 b) 250 c) 731 d) 965 e) 671
f) 348 g) 410 h) 749 i) 997 j) 102

3 Runde auf volle Euro.

a) 6,52 € b) 3,98 € c) 77,21 €
d) 714,13 € e) 232,80 € f) 49,49 €
g) 999,74 € h) 0,46 € i) 33,33 €
j) 456,78 € k) 101,19 € l) 11,99 €

Ich runde auf Z, ich achte auf die E. Ich runde auf H, ich achte auf die Z.

ICH + DU
Schreibe einen Geldbetrag. Dein Partnerkind rundet auf volle Euro.

4 **ICH + DU + WIR** Wie runden die Kinder? Erklärt.

193,28 €

193,28 €	193,28 €	193,28 €	193,28 €
$\approx$ 193,30 €	$\approx$ 193 €	$\approx$ 190 €	$\approx$ 200 €
Steffi	Moritz	Erkan	Luisa

5 Runde die Geldbeträge wie die Kinder in Aufgabe 4.
Male den Punkt dazu.

a) **313,78 €** b) 927,21 € c) 666,66 € d) 453,84 € e) 696,23 €

313,78 € $\approx$ 313,80 €
313,78 € $\approx$ 314 €
313,78 € $\approx$ 310 €
313,78 € $\approx$ 300 €

6 Kann Leila sich den Wunsch erfüllen? Begründe deine Aussage.
Mache zuerst den Überschlag.

→ S. 136

Überschlagen heißt: mit gerundeten Zahlen rechnen.

Sparschwein 58,78 €
Sparbuch 131,16 €
Taschengeld 17,50 €
Oma 78,50 €

MOUNTAIN BIKE
Sonderausstattung
298,– €

7 Darf alles in das Päckchen? Überschlage und begründe deine Meinung.

höchstens 2 kg
110 g
Bibus Höhle 1020 g
130 g
Buntstifte 175 g
475 g
195 g
225 g

Was würdest du in das Päckchen geben?

1

ICH ► Mit welchen Tricks rechnest du?
DU ► Wie rechnet dein Partnerkind? Vergleicht.
WIR ► Vergleicht in der Gruppe. Welche Tricks sind geschickt? Begründet.

Hunderternähe

Rechenstrich

Schriftliche Addition

Zahlen zerlegen

+ 9 ist fast + 10

2 So rechnen die Kinder. Erkläre.

$$198 + 499 = 697$$
$$100 + 400 = 500$$
$$90 + \ \ 90 = 180$$
$$8 + \ \ \ \ 9 = \ \ 17$$

Fine

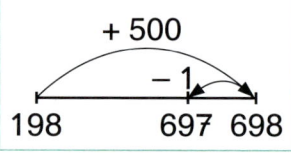

+ 500
− 1
198   697 698

Chris

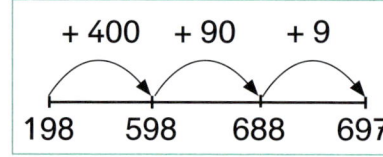

+ 400   + 90   + 9
198   598   688   697

Leila

$$198 + 499 = \square$$
$$200 + 499 - 2 = 697$$

Samuel

$$
\begin{array}{r}
1\ 9\ 8 \\
+4\ 9\ 9 \\
\underline{1\ 1\ \ } \\
6\ 9\ 7
\end{array}
$$

Sara

3 ICH + DU + WIR ► $392 - 189 = \square$ Mit welchen Tricks rechnest du? Wie rechnen andere? Erklärt euch eure Tricks.

4 Rechne auf deinem Weg. Vergleiche mit deinem Partnerkind.

a) $143 + 326$
$251 + 117$
$635 + 156$

b) $278 + 261$
$486 + 392$
$365 + 597$

c) $198 - 197$
$468 - 249$
$982 - 799$

d) $256 - 164$
$538 - 287$
$645 - 598$

1, 47, 92, 183, 219, 251, 368, 469, 539, 791, 878, 962

Erfinde weitere ⊕ und ⊖ Aufgaben.

→ S. 136

$$398 + \square = 402$$
$$\square + 398 = 402$$
$$402 - \square = 398$$
$$402 - 398 = \square$$

5 3 Zahlen – vier verwandte Aufgaben!

a)
398 □ 402

b)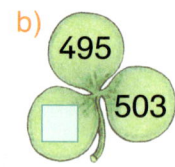
495 □ 503

c)
801 □ 794

d)
897 906 □

e)
696 □ 702

6 Schöne Türme! Untersuche sie und setze fort. Notiere deine Entdeckungen.

a)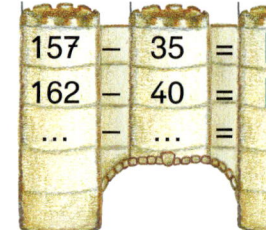

| $157 - 35 = \square$ |
| $162 - 40 = \square$ |
| $\ldots - \ldots = \ldots$ |

b)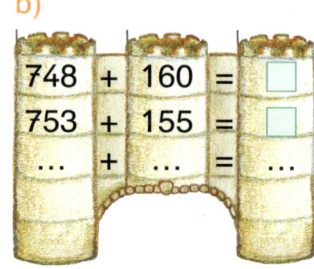

| $748 + 160 = \square$ |
| $753 + 155 = \square$ |
| $\ldots + \ldots = \ldots$ |

c)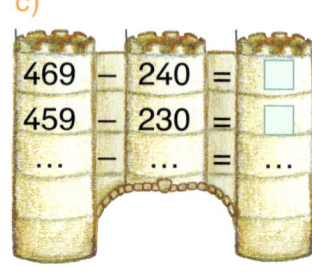

| $469 - 240 = \square$ |
| $459 - 230 = \square$ |
| $\ldots - \ldots = \ldots$ |

Erfinde eigene Rechentürme.

Rechenstrategien nutzen und erklären; Rechenwege vergleichen und bewerten

Wiederholung Klasse 3

ICH + DU + WIR ▸ Wie löst ihr die Aufgaben? Tauscht euch aus.

1 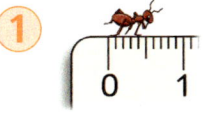 Die Rote Waldameise ist 6 mm lang und 2 mm breit.
Auf dem Weg vom Ameisenbau zum Apfelbaum sind
98 Ameisen unterwegs. Die letzte startet am Bau,
die erste hat ihr Ziel gerade erreicht. Der Abstand zwischen den
einzelnen Tieren beträgt genau 3 mm.
F: Wie lang ist die Ameisenstraße?

2 Erkan kauft für seinen Hund eine
Hundeleine, 4 Packungen
Leckerlies und einen Napf.
F: Wie viel muss Erkan bezahlen?

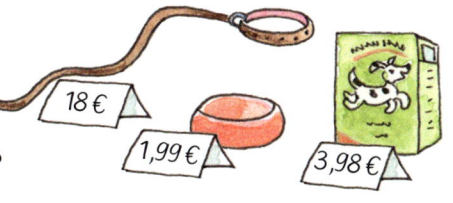

18 €
1,99 €
3,98 €

3 123 Kühe stehen im Stall, **doppelt so viele** sind auf der Weide.
F: Wie viele Kühe sind es insgesamt?

4 Alexander baut für sein Kaninchen Trixie ein
Holzhaus in Form eines Quaders. Für die zwei
größeren Seitenflächen und die Deckfläche
braucht er jeweils eine rechteckige Holzplatte
mit den Maßen 35 cm x 25 cm. Für die beiden
kleineren Seitenflächen braucht er jeweils eine
Holzplatte mit den Maßen 30 cm x 25 cm.
Die Grundfläche lässt er frei. Alexander hat
eine 100 cm x 60 cm große Holzplatte.
F: Reicht ihm das Holz?

*Eine Skizze
kann dir
helfen!*

→ S. 136

5 Beim Almabtrieb werden alle Kühe ins Tal gebracht, damit sie
den Winter über im warmen Stall stehen. Von der Ostalm
kommen 38 Kühe. Auf der Hochalm standen 13 Kühe mehr als
auf der Ostalm. Auf der Westalm standen 26 Kühe. Von der
Südalm kommen doppelt so viele Tiere wie von der Ostalm.
F: Wie viele Kühe stehen den Winter über im Stall?
Welche Antwort passt?
A1: Auf der Hochalm standen 51 Kühe.
A2: Von der Südalm kommen 76 Kühe.
A3: 191 Kühe stehen den Winter über im Stall.
A4: 153 Kühe stehen den Winter über im Stall.

Sei schlau,
lies genau

Erst spielen
oder erzählen,
dann die
Rechnung
wählen.

Signalwörter
erkennen,
Rechenzeichen
nennen!

Zeichne einfach,
zeichne klar,
schon stellt sich
die Lösung dar.

Die Frage führt
zur Antwort.

Strategien nutzen

ICH + DU + WIR ▸ Welche Strategien aus Bibus Zug helfen euch?

1 In der Hundeschule treffen verschiedene Hunderassen zusammen.
Dogge Brutus ist mit ☐ am größten.
Schäferhund Rex ist ☐ kleiner als Brutus.
Zwergpudel Zorro ist mit ☐ am kleinsten.
Spanielhündin Molli ist halb so groß wie Rex, aber doppelt so groß wie Zorro.

a) Schreibe den Text ab und setze die Zahlen sinnvoll ein:
  16 cm, 27 cm, 124 cm
b) F: Wie groß ist jeder Hund?
c) F: Um wie viele cm ist Brutus größer als Zorro?

> Berechne alle Größenunterschiede.

2 Hengst Sausewind ist 8 Jahre alt, er wiegt 682 kg und ist 1,65 m hoch. Stute Blümchen ist 19 Jahre alt, wiegt genauso viel wie Sausewind und ist 17 cm kleiner.

> Ich muss nur lesen: eine **Lesefrage**.

> Ich muss rechnen: eine **Rechenfrage**.

A F: Wie schwer ist Sausewind?

B F: Wie viele cm ist Sausewind größer als Blümchen?

C F: Wie schwer ist Blümchen?

D F: Wie schnell läuft Sausewind?

E F: Wie groß ist Blümchen?

a) Welche Fragen sind Lesefragen?
  Welche Frage ist eine Rechenfrage?
  Welche Frage kannst du nicht beantworten?
b) Rechne und beantworte die Rechenfrage.

> Erfinde weitere Rechenfragen.

3 Schäfer Lambi bringt morgens um 6.35 Uhr seine 348 Schafe auf die Weide. Zwischen 12.30 Uhr und 13.15 Uhr macht er Mittagspause. Gegen 19.20 Uhr macht sich Schäfer Lambi auf den Heimweg.
F: Wie lange hat Schäfer Lambi gearbeitet?

4 Auf der Weide stehen Kühe und Gänse. Bauer Gustav zählt insgesamt 27 Tiere und 82 Beine.
F: Wie viele Kühe und Gänse sind es jeweils?
Wie löst du die Aufgabe? Besprich dich mit deinem Partnerkind.

>  Erfinde eine eigene Rechengeschichte für „Unser Mathebuch".

Sachsituationen: Strategien zur Problemlösung entwickeln und nutzen

1 Samuel hat Geburtstag. Um 15 Uhr beginnt seine Geburtstagsfeier.
Ergänze passend: Dreiviertelstunde, halbe Stunde, ganze Stunde, Viertelstunde

In einer Stunde kommen meine Gäste.

Erst eine ▭ ist vergangen.

Jetzt ist eine ▭ vergangen.

Schon eine ▭ ist vergangen.

Endlich! Die ▭ ist vergangen.

Auf Samuels Geburtstagsfeier dürfen Samuel und seine beiden Freunde jeweils $\frac{1}{4}$ Stunde das neue Computerspiel ausprobieren.
F: Wie lange spielen die Kinder insgesamt?

2 Wie viele Minuten sind es?

a) eine ganze Stunde   b) eine halbe Stunde
c) eine Viertelstunde   d) eine Dreiviertelstunde

eine ganze Stunde
= 60 min

3 Samuel schneidet die Geburtstagstorte an.
Ordne die Begriffe und Bruchzahlen den Bildern richtig zu.
Erkläre.

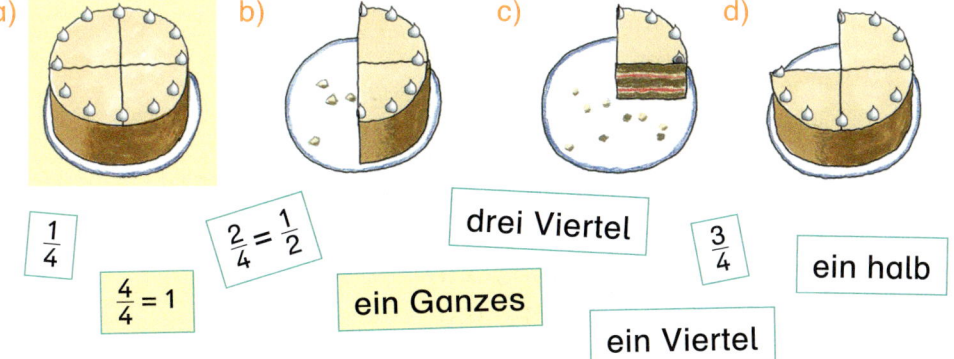

a)   b)   c)   d)

$\frac{1}{4}$ $\frac{2}{4} = \frac{1}{2}$ drei Viertel $\frac{3}{4}$

$\frac{4}{4} = 1$ ein Ganzes   ein halb

ein Viertel

→ S. 134

$\frac{3}{4}$, $\frac{1}{2}$, $\frac{1}{4}$, ... sind Bruchzahlen.

$\frac{4}{4}$ = 1 = ein Ganzes

4 Wie viel ist noch übrig?

a)   b)   c)

Ich habe eine halbe Pizza gegessen.

Ich habe $\frac{1}{4}$ von meiner Pizza gegessen.

Ich habe meine Pizza zu $\frac{3}{4}$ gegessen.

Bruchzahlen

$\frac{1}{4}$ = ein Viertel

$\frac{1}{2}$ = ein halb

$\frac{3}{4}$ = drei Viertel

Liter und Milliliter

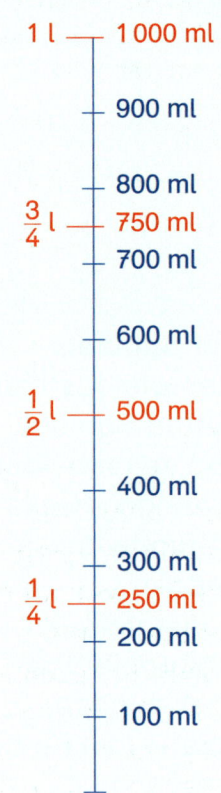

1 l — 1000 ml
— 900 ml
— 800 ml
$\frac{3}{4}$ l — 750 ml
— 700 ml
— 600 ml
$\frac{1}{2}$ l — 500 ml
— 400 ml
— 300 ml
$\frac{1}{4}$ l — 250 ml
— 200 ml
— 100 ml

1 ICH + DU + WIR Bringt einen Messbecher sowie unterschiedlich große leere Gläser und andere Gefäße in die Schule mit.
a) Ordnet die Gefäße nach ihrem Fassungsvermögen.
b) Schätzt, wie viele Milliliter (ml) in die Gefäße passen. Notiert eure Schätzungen.
c) Überprüft eure Schätzungen mit einem Messbecher und notiert die gemessenen Ergebnisse.

2 Betrachte den Messbecher genau. Wie viele ml sind …

a) … $\frac{1}{4}$ l? b) … $\frac{1}{2}$ l? c) … $\frac{3}{4}$ l? d) … 1 l?

3 ICH + DU Wählt verschiedene Gefäße aus. Wie oft passt der Inhalt eurer Gefäße in eine 1-Liter-Flasche?

Chris will Muffins backen. Er hat eine $\frac{1}{2}$-Liter-Packung Milch besorgt. Für das Rezept braucht er 125 ml Milch.
F: Wie viele ml Milch hat er noch übrig?

4 · 250 ml = 1 l
4 Becher

750 ml + 250 ml = 1 l

4 In Andis Becher passt $\frac{1}{4}$ l. Wie viele Becher muss er füllen, um die angegebenen Mengen zu erhalten?

a) 1 l b) 250 ml c) 500 ml d) $\frac{3}{4}$ l e) $\frac{1}{2}$ l f) 750 ml g) $1\frac{1}{2}$ l

5 Wie viele ml fehlen bis zu 1 l (1 000 ml)?

a) 750 ml b) 360 ml c) 220 ml d) 100 ml e) 870 ml f) 500 ml g) 50 ml

6 Finde möglichst viele Zerlegungen: 1 000 ml = ☐ ml + ☐ ml

7 Hohlmaß-Ausstellung
• Stellt verschiedene Gefäße in der Klasse auf.
• Schreibt die passenden ml-Angaben und Bruchzahlen dazu.

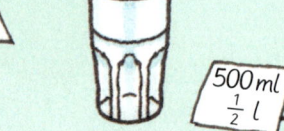
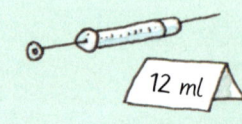

Liter und Milliliter
1 l = 1 000 ml
$\frac{3}{4}$ l = 750 ml
$\frac{1}{2}$ l = 500 ml
$\frac{1}{4}$ l = 250 ml

Meine leckeren Mixgetränke kriegt ihr locker selber hin.

Kann das sein? Ein Kind trinkt pro Jahr ungefähr so viel Flüssigkeit, wie in zwei volle Badewannen passt. Begründe deine Meinung. Wie gehst du beim Lösen vor? Besprich dich mit deinem Partnerkind.

Berry

für 🥤🥤🥤🥤

1 l Buttermilch
250 g Erdbeeren
1 Päckchen Vanillezucker
1–2 TL Zitronensaft
Alles im Mixer verrühren.

Pedalo

für 🥤🥤

½ l Kirschsaft
Saft von 2 Orangen
1 TL Zitronensaft
Im Mixer verrühren.

Kiba

für 🥤

150 ml Bananensaft
150 ml Kirschsaft
Den Bananensaft ins Glas gießen, dann den Kirschsaft sehr langsam dazugießen.

Milch-muntermix

für 🥤

175 ml Milch
30 g Waldbeeren oder 1 Banane
1 EL Naturjoghurt
Alles im Mixer verrühren.

8 ICH + DU In Rezepten sind kleine Flüssigkeitsmengen oft mit Teelöffeln (TL) oder Esslöffeln (EL) angegeben.
Probiert, wie viele TL Saft ihr aus 1 Zitrone auspressen könnt. Vergleicht eure Ergebnisse.

9 Übertrage die Tabelle in dein Heft und ergänze sie.

EL	3			5				6
TL	9		12		24	27		
ml	36	12		24		84	120	

10 Ordne jeder Menge das passende Gefäß zu.

| 2 ml | 12 ml | 4 ml | 1 l | ¼ l | ½ l |

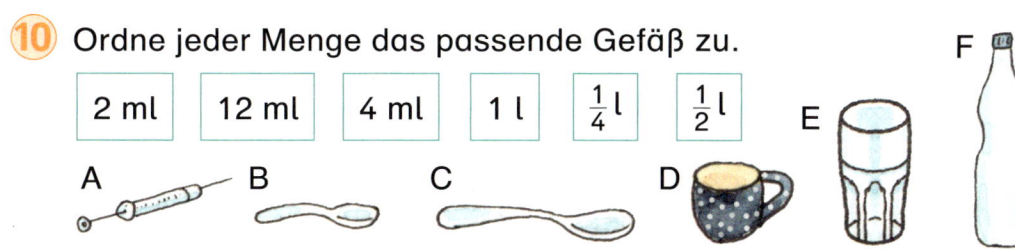

A   B   C   D   E   F

1 TL entspricht ungefähr 4 ml, 1 EL entspricht ungefähr 3 TL.

11 Berechne, wie viele Zutaten du jeweils für 10 Gläser Pedalo und Kiba brauchst. Schreibe einen Einkaufszettel und kaufe möglichst preiswert ein.

50ct   1,80€   BUTTERMILCH 500ml 0,65€   KIRSCH SAFT 0,75l 1,80€   Vollmilch 1l 1,29€

99ct   2,50€   250ml Buttermilch 39ct   KIRSCHSAFT 0,75l / 3 Flaschen 6,-€   fettarme Milch 1l 1,12€   BANANENSAFT 0,7l 2,25€

Sind alle Sonderangebote wirklich billiger?

Bibus beste Rechentricks ⊙ und ⊙

1 **ICH + DU + WIR** Mit welchen Tricks rechnen die Kinder? Erklärt.

$2 \cdot 6 = 12$
↓   ↓
$4 \cdot 6 = \square$
↓   ↓
$\mathbf{8 \cdot 6} = \square$

Lukas

$7 \cdot 10 = 70$
$\mathbf{7 \cdot 9} = 70 - 7 = \square$
$4 \cdot 10 = 40$
$\mathbf{4 \cdot 9} = 40 - 4 = \square$

Luisa

$2 \cdot 9 = 18$
$2 \cdot 90 = 180$
$\mathbf{2 \cdot 900} = 1\,800$

Armin

$4 \cdot 8 = 40 - 8$
$5 \cdot 8 = 40$
$\mathbf{6 \cdot 8} = 40 + 8$

Steffi

$8 \cdot 7 = \boxed{8 \cdot 5} + \boxed{8 \cdot 2}$

Chris

$10 \cdot 8 = 80$
↓
$\mathbf{5 \cdot 8} = \square$

Leila

$\mathbf{12 \cdot 2} = 2 \cdot 12 = \square$
$\mathbf{25 \cdot 3} = 3 \cdot 25 = \square$

Sara

$15 : 5 = 3$
$150 : 5 = 30$
$1\,500 : 5 = 300$
$\mathbf{1\,500 : 50} = \square$

Erkan

$\mathbf{63 : 9} = \square$
denn
$\square \cdot 9 = 63$

Julia

2 Rechne auf deinem Weg. Vergleiche mit deinem Partnerkind.

a) $3 \cdot 9$ b) $5 \cdot 800$ c) $8 \cdot 60$ d) $360 : 4$
  $56 : 8$ $2\,000 : 50$ $9 \cdot 900$ $50 \cdot 4$
  $6 \cdot 7$ $4\,000 : 20$ $1\,000 : 20$ $3\,600 : 60$

7, 27, 40, 42, 50, 60, 90, 200, 200, 480, 4 000, 8 100

3 3 Zahlen – vier verwandte Aufgaben!

a)
b)
c)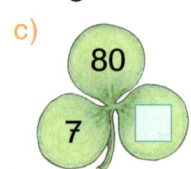
d)
e)

Die Tauschaufgabe hilft.

verdoppeln

In Kernaufgaben zerlegen.

Die kleine Aufgabe hilft.

Zu Kernaufgaben Nachbaraufgaben suchen.

halbieren

Die Umkehraufgabe hilft.

Zehnernähe

➜ S. 136

ICH + DU

Schreibe zu jedem Trick ein weiteres Beispiel. Dein Partnerkind löst die Aufgabe und nennt den Trick.

Erfinde weitere ⊙ und ⊙ Aufgaben.

$\square \cdot 70 = 280$
$70 \cdot \square = 280$
$280 : 70 = \square$
$280 : \square = 70$

1 `ICH + DU + WIR` Wie können 3 Kinder 17 Bonbons möglichst gerecht unter sich verteilen? Wie rechnet ihr? Erklärt.

Probiert auch mit anderen Zahlen.

2 So rechnen Lukas und Andi. Wer rechnet richtig? Begründe deine Meinung schriftlich.

Den Rest hebe ich auf.

Den Rest hebe ich auf.

Lukas

Andi

3 Schöne Türme! Untersuche die 1. Zahl, die 2. Zahl, das Ergebnis und den Rest. Notiere deine Entdeckungen.

a)
15	:	3
16	:	3
17	:	3
18	:	3

b)
18	:	6
20	:	6
22	:	6
24	:	6

c)
80	:	8
76	:	8
72	:	8
68	:	8

d)
84	:	9
83	:	9
82	:	9
81	:	9

e)
46	:	7
49	:	7
51	:	7
54	:	7

Erfinde eigene Rechentürme.

4 Rechne und mache die Probe (P).

a)	b)	c)	d)	e)
39 : 7	29 : 3	20 : 3	11 : 2	37 : 6
59 : 9	15 : 2	30 : 4	31 : 4	11 : 3
35 : 4	9 : 4	50 : 8	41 : 6	52 : 7
46 : 7	49 : 6	70 : 9	51 : 9	23 : 6
37 : 5	34 : 10	40 : 6	61 : 8	70 : 8
42 : 8	26 : 5	60 : 7	71 : 9	73 : 9
55 : 7	37 : 7	99 : 10	61 : 7	34 : 5

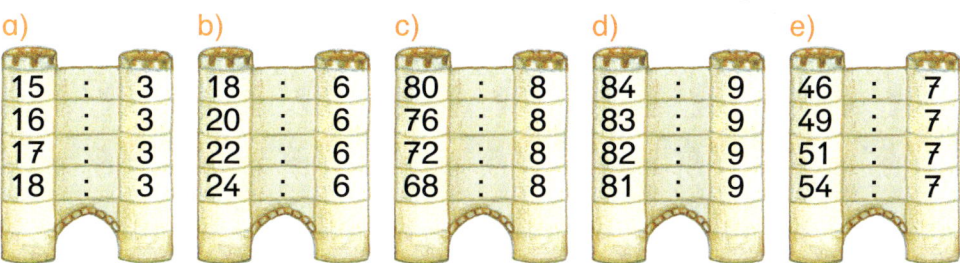

$39 : 7 = 5\ R\ 4$
$P: (5 \cdot 7) + 4 = 39$
$\qquad 35$

5 Finde jeweils 5 Lösungen. Wie gehst du vor? Erkläre deine Lösungswege schriftlich.

a) ☐ : 3 = ☐ R 2   b) ☐ : 4 = ☐ R 3   c) ☐ : 6 = ☐ R 4

Erfinde eigene ⊡ Aufgaben mit Rest.

6 Achtung, Fehler (6)! Finde sie, ohne zu rechnen. Erkläre. Schreibe die Aufgaben richtig ins Heft.

a)	b)	c)
26 : 3 = 7 R 5	82 : 9 = 9 R 1	19 : 1 = 19
37 : 6 = 6 R 1	42 : 7 = 5 R 7	0 : 9 = 0
48 : 8 = 5 R 8	13 : 1 = 13	24 : 8 = 0 R 24
23 : 10 = 2 R 3	50 : 6 = 7 R 8	37 : 4 = 8 R 5
46 : 9 = 5 R 1	19 : 8 = 2 R 3	56 : 7 = 8

Schreibe Fehleraufgaben für „Unser Mathebuch".

Halbschriftlich multiplizieren

1

$4 \cdot 17 = \square$

ICH Wie rechnest du?
DU Wie rechnet dein Partnerkind?
Vergleicht.
WIR Vergleicht in der Gruppe. Welche
Wege sind geschickt? Begründet.

zerlegen
multiplizieren
addieren

addieren

verdoppeln

Zerlege schwierige Zahlen
in Zahlen, mit denen du
besser rechnen kannst.

2 So rechnen die Kinder. Erkläre.

$17 + 17 + 17 + 17 = \square$

Marie

$1 \cdot 17 = 17$
$2 \cdot 17 = 34$
$4 \cdot 17 = \square$

Andi

$4 \cdot 17 = \square$
$4 \cdot 10 = 40$
$4 \cdot \ 7 = 28$

Steffi

$4 \cdot 17 = \boxed{4 \cdot 10} + \boxed{4 \cdot 7} = \square$
          40 28

Moritz

$4 \cdot 17 = \square$
$4 \cdot \ 7 = 28$
$4 \cdot 10 = 40$

Samuel

3 Rechne auf deinem Weg. Vergleiche mit deinem Partnerkind.

a) $7 \cdot 26$	b) $4 \cdot 48$	c) $9 \cdot 17$	d) $7 \cdot 99$	e) $5 \cdot 48$
$3 \cdot 37$	$7 \cdot 54$	$10 \cdot 99$	$2 \cdot 69$	$4 \cdot 73$
$8 \cdot 52$	$8 \cdot 91$	$3 \cdot 78$	$8 \cdot 25$	$6 \cdot 32$
$5 \cdot 66$	$2 \cdot 76$	$5 \cdot 87$	$6 \cdot 83$	$9 \cdot 24$

111, 138, 152, 153, 182, 192, 192, 200, 216, 234, 240, 292, 330, 378,
416, 435, 498, 693, 728, 990

Halbschriftlich multiplizieren

$4 \cdot 17 = \square$

1. Zerlegen

$\underline{4 \cdot 17 = \square}$
     10
      7

2. Multiplizieren

$\underline{4 \cdot 17 = \square}$
$4 \cdot 10 = 40$
$4 \cdot \ 7 = 28$

3. Addieren

$\underline{4 \cdot 17 = 68}$
$4 \cdot 10 = 40$
$4 \cdot \ 7 = 28$

4 Zeichne die Tabelle ab und rechne. Welche Tricks helfen?
Begründe.

·	11	12	13	14	15	16	17	18	19	20
1										
2										
3										
…										
10										

5 Erstelle auch eine Tabelle
zu den Tauschaufgaben.
Was stellst du fest? Notiere
deine Entdeckungen.

·	1	2	…	10
11				
…				
20				

6 Sonja schreibt ihrer Brieffreundin jeden Monat einen Brief.
Sie kauft als Vorrat für das nächste halbe Jahr Briefmarken.
Eine Marke kostet 62 ct.
F: Wie viel muss Sonja für die Briefmarken insgesamt bezahlen?

Rechenstrategien nutzen; Zahlensätze des kleinen Einmaleins automatisiert und flexibel anwenden

7 Multipliziere mit Einer-, Zehner- und Hunderterzahlen.

a) 2 · 9
2 · 90
2 · 900

b) 5 · 4
5 · 40
5 · 400

c) 4 · 4
4 · 40
4 · 400

d) 6 · 3
60 · 3
600 · 3

e) 3 · 3
30 · 3
300 · 3

8 Zerlege in Hunderter, Zehner und Einer und rechne.

a) 3 · 124
5 · 182

b) 4 · 228
2 · 498

c) 7 · 246
9 · 113

d) 4 · 438
6 · 327

e) 8 · 151
5 · 279

372, 910, 912, 996, 1 017, 1 208, 1 395, 1 722, 1 752, 1 962

3 · 124 =	☐
3 · 100 =	☐
3 · 20 =	☐
3 · 4 =	☐

9 `ICH + DU + WIR` ▷ 135 · 6 = ☐ Wie rechnest du? Wie rechnen andere? Erklärt euch eure Tricks.

10 So rechnet Steffi. Erkläre.

Manchmal steht die große Zahl vorne.

135 · 6 = ☐
100 · 6 = 600
30 · 6 = 180
5 · 6 = 30

Du kannst auch die vordere Zahl zerlegen und addieren.

11 Rechne auf deinem Weg. Vergleiche mit deinem Partnerkind.

a) 244 · 8
538 · 3

b) 98 · 7
492 · 4

c) 296 · 6
876 · 2

d) 249 · 7
128 · 8

e) 39 · 5
654 · 3

195, 686, 1 024, 1 614, 1 743, 1 752, 1 776, 1 952, 1 962, 1 968

Erfinde eigene Multiplikationsaufgaben mit großen Zahlen.

12 Aufgabenpaare! Was entdeckst du? Tausche dich mit deinem Partnerkind aus.

a) 32 · 4
31 · 4

b) 50 · 7
49 · 7

c) 79 · 4
79 · 2

d) 8 · 99
8 · 98

e) 2 · 51
4 · 51

f) 200 · 4
199 · 4

g) 200 · 7
199 · 7

h) 307 · 4
307 · 2

i) 8 · 210
8 · 209

j) 2 · 398
4 · 398

Erfinde ähnliche Aufgabenpaare. Wie gehst du vor? Besprich dich mit deinem Partnerkind.

13 Schöne Türme! Setze fort. Notiere deine Entdeckungen.

a)
135 · 3
145 · 3
155 · 3
… · …

b)
244 · 4
224 · 4
204 · 4
… · …

c)
73 · 6
98 · 6
123 · 6
… · …

d)
334 · 5
319 · 5
304 · 5
… · …

e)
187 · 7
206 · 7
225 · 7
… · …

Erfinde Zahlenrätsel für „Unser Mathebuch".

14 Zahlenrätsel!

a) Meine Zahl ist das Doppelte von 372.

b) Wenn ich 488 mit 3 multipliziere, erhalte ich meine Zahl.

c) Wenn ich meine Zahl durch 35 dividiere, erhalte ich 3.

Halbschriftlich dividieren

1

$84 : 3 = \square$

ICH Wie rechnest du?
DU Wie rechnet dein Partnerkind? Vergleicht.
WIR Vergleicht in der Gruppe. Welche Wege sind geschickt? Begründet.

Bauer Gackstätter hat 96 Hühner. Jedes Huhn hat heute ein Ei gelegt. Er verpackt die Eier in 6er-Kartons. F: Wie viele Kartons sind das?

---

2 So rechnen die Kinder. Erkläre.

Ich zerlege 84 in zwei Zahlen, die ich durch 3 dividieren kann.

$84 : 3 = \square$
$60 : 3 = 20$
$24 : 3 = 8$

Luisa

$84 : 3 = \square$
$30 : 3 = 10$
$30 : 3 = 10$
$24 : 3 = 8$

Erkan

Ich überprüfe:
$30 + 30 + 24 = 84$

$45 : 3 = 15$
$30 : 3 = 10$
$15 : 3 = 5$

---

3 Dividiere halbschriftlich.

a) 45 : 3   b) 78 : 6   c) 56 : 4   d) 42 : 3   e) 84 : 4
   52 : 4   60 : 3   65 : 5   80 : 4   95 : 5
   70 : 5   96 : 4   98 : 7   72 : 6   48 : 3
   91 : 7   84 : 7   63 : 3   100 : 5   99 : 9

11, 12, 12, 13, 13, 13, 13, 14, 14, 14, 14, 15, 16, 19, 20, 20, 20, 21, 21, 24

Halbschriftlich dividieren

$84 : 3 = \square$

1. Zerlegen
$84 : 3 = \square$
60
24

2. Dividieren
$84 : 3 = \square$
$60 : 3 = 20$
$24 : 3 = 8$

3. Addieren
$84 : 3 = 28$
$60 : 3 = 20$
$24 : 3 = 8$

---

4 Rechne auf deinem Weg. Vergleiche mit deinem Partnerkind.

a) 104 : 8   b) 171 : 9   c) 112 : 8   d) 135 : 9   e) 171 : 9
   180 : 9   133 : 7   117 : 9   112 : 7   108 : 6
   140 : 7   102 : 6   114 : 6   120 : 8   128 : 8

13, 13, 14, 15, 15, 16, 16, 17, 18, 19, 19, 19, 19, 20, 20

---

5 Zahlenrätsel!

Wenn ich meine Zahl mit 8 multipliziere, erhalte ich 128.

Durch welche Zahl muss ich 48 dividieren, um 12 zu erhalten?

Ich habe meine Zahl durch 7 dividiert und als Ergebnis 14 erhalten.

Rechenstrategien nutzen; Zahlensätze des kleinen Einmaleins sowie deren Umkehrung automatisiert und flexibel anwenden

6 **ICH + DU + WIR** ➤ 360 : 8 = ☐ Wie rechnest du? Wie rechnen andere? Erklärt euch eure Tricks.

7 So rechnen die Kinder. Erkläre.

360 : 8 = ☐
320 : 8 = 40
40 : 8 = 5

Fine

360 : 8 = ☐
160 : 8 = 20
160 : 8 = 20
40 : 8 = 5

Lukas

360 : 8 = ☐
80 : 8 = 10
80 : 8 = 10
80 : 8 = 10
80 : 8 = 10
40 : 8 = 5

Christian

8 Warum kommt Moritz nicht weiter? Erkläre.

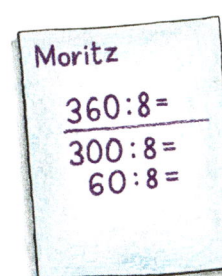

Moritz
360 : 8 =
300 : 8 =
60 : 8 =

Hilfe, ich komme nicht weiter!

> Lukas zählt die Tage bis zu seinem nächsten Geburtstag. Es sind noch 182 Tage.
> F: Wie viele Wochen sind das?

9 Rechne auf deinem Weg. Vergleiche mit deinem Partnerkind.

a) 932 : 4   b) 750 : 6   c) 405 : 9   d) 665 : 7   e) 432 : 8
   696 : 4   204 : 6   684 : 9   868 : 7   536 : 8
   748 : 4   876 : 6   864 : 9   182 : 7   344 : 8

26, 34, 43, 45, 54, 67, 76, 95, 96, 124, 125, 146, 174, 187, 233

10 Schöne Türme! Rechne drei weitere Aufgaben. Notiere deine Entdeckungen.

a)   b)   c)   d)   e)
288 : 2   364 : 4   625 : 5   805 : 7   552 : 8
388 : 2   324 : 4   600 : 5   812 : 7   568 : 8
... : ...   ... : ...   ... : ...   ... : ...   ... : ...

> Erfinde eigene Rechentürme.

11 Manchmal bleibt ein Rest. Rechne und mache die Probe (P).

a) 423 : 2   b) 214 : 6   c) 357 : 7   d) 819 : 2   e) 856 : 6
   243 : 8   804 : 8   243 : 4   481 : 6   621 : 7
   234 : 3   587 : 3   760 : 5   587 : 9   243 : 6

> Erfinde eigene : Aufgaben mit Rest.

⏱ Seite 19, Aufgabe 4   Dividieren mit Rest

ICH + DU Erfinde eine Perlenkette. Dein Partnerkind berechnet die Einzelpreise der Perlen.

Male deine eigene Kette. Sie darf höchstens 750 ct kosten.

◯ = 29 ct
🐑 = 95 ct
🐟 = 150 ct

1 Wie viel kosten die einzelnen Perlen? Rechne. Wie gehst du vor? Tausche dich mit deinem Partnerkind aus.

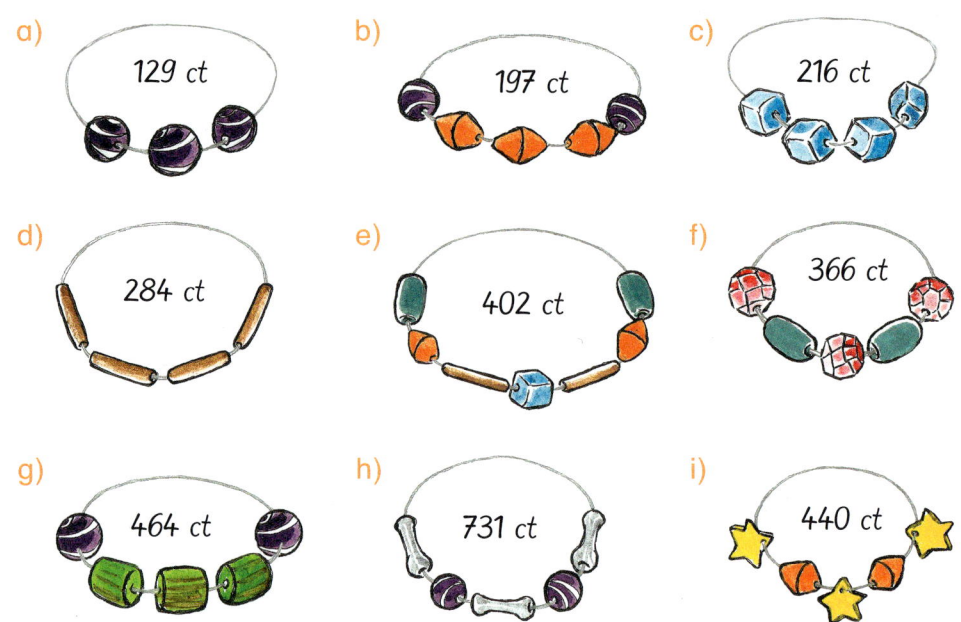

a) 129 ct

b) 197 ct

c) 216 ct

d) 284 ct

e) 402 ct

f) 366 ct

g) 464 ct

h) 731 ct

i) 440 ct

2 In einer Pralinenschachtel sind 36 Pralinen. Luisas Mutter kauft 3 Schachteln.
F: Wie viele Pralinen sind das?

3 Ben und Sara kaufen sich Glasmurmeln. Eine Glasmurmel kostet 23 ct. Ben kauft 4 Stück. Sara kauft sich doppelt so viele.
F: Wie viel kosten die Glasmurmeln zusammen?

4 Beim Wandertag an der Rechenbergschule sollen sich 188 Grundschulkinder gleichmäßig auf 4 Busse verteilen.
F: Wie viele Kinder pro Bus sind es?

5 Armin, Franziska und Hannes sammeln Nüsse. Nach einer Stunde haben sie zusammen schon 169 Nüsse gesammelt.
F: Wie viele Nüsse bekommt jedes Kind? Wie viele Nüsse bleiben übrig?

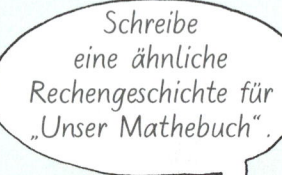

Schreibe eine ähnliche Rechengeschichte für „Unser Mathebuch".

6 Viele Kinder in Andis Klasse haben ein Aquarium. Andi, Lukas und Leila besitzen je 27 Fische, darunter Welse, Guppys, Schwarze Mollys, Platys, Barben, viele bunte Neonfische und sogar Prachtbarsche. Steffi und Moritz haben je 34 Fische.
F: Wie viele Fische haben die Kinder insgesamt?

Mathematische Lösungen zu Sachsituationen finden; relevante Informationen aus Texten entnehmen

1 Rechne schriftlich. Schreibe H unter H, Z unter Z, E unter E.

a) 298 + 647 + 45 = ☐
   324 + 438 + 191 = ☐

b) 698 − 274 = ☐
   485 − 352 = ☐

c) 541 − 322 = ☐
   992 − 697 = ☐

Bearbeite immer eine Aufgabe. Wie konntest du sie lösen? Male im Heft passend dazu:

2 Rechne. Überprüfe mit der kleinen Aufgabe.

a) 4 · 60 = ☐
   9 · 80 = ☐

b) 70 · 8 = ☐
   40 · 9 = ☐

c) 540 : 9 = ☐
   630 : 7 = ☐

d) 480 : 60 = ☐
   300 : 50 = ☐

3
a)
b)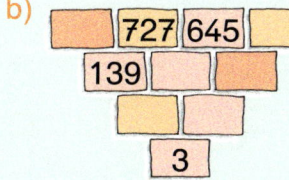
c)

4 Ergänze.

a)   85 mm + ☐ = 1 m
       853 mm + ☐ = 1 m
     2 m 88 cm + ☐ = 4 m
       521 cm + ☐ = 10 m

b)   259 kg + ☐ = 1 000 kg
     999 kg 255 g + ☐ = 1 000 kg
     530 kg 270 g + ☐ = 1 000 kg
     798 kg 480 g + ☐ = 1 000 kg

5 Ergänze.

a) 327 ct + ☐ = 7 €
   885 ct + ☐ = 10 €

b) 1 € 42 ct + ☐ = 4 €
   2 € 77 ct + ☐ = 5 €

c) 23,07 € + ☐ = 25 €
   70,19 € + ☐ = 99 €

6 Runde die Zahlen jeweils auf den Zehner und auf den Hunderter.

a) 923   b) 475   c) 109   d) 550   e) 637

7 Wie viele Milliliter fehlen jeweils bis zu einem Liter?

a) 750 ml   b) $\frac{1}{2}$ l   c) 250 ml   d) $\frac{3}{4}$ l   e) 150 ml

Alles fertig? Überprüfe mit Seite 26.

8 Rechne und mache die Probe (P).

a) 47 : 6 = ☐   b) 26 : 3 = ☐   c) 13 : 2 = ☐   d) 57 : 8 = ☐

9 Rechne halbschriftlich.

a) 12 · 6 = ☐
   7 · 21 = ☐
   34 · 9 = ☐

b) 428 · 4 = ☐
   2 · 839 = ☐
   105 · 7 = ☐

c) 104 : 8 = ☐
   135 : 9 = ☐
   75 : 3 = ☐

d) 637 : 7 = ☐
   414 : 9 = ☐
   492 : 4 = ☐

10 Bauer Franz liefert 189 l Milch an die Molkerei. Seine Kühe geben im Durchschnitt je 9 l Milch.
F: Wie viele Milchkühe hat Bauer Franz?

Mit diesen Aufgaben kannst du üben:

➔ S. 6/4, 6

➔ S. 7/9, 10

➔ S. 9/1, 3

➔ S. 10/5, 6, 9, 10

➔ S. 10/3, 4

➔ S. 11/1, 2

➔ S. 16/5

➔ S. 19/4

➔ S. 20/3
  S. 21/8, 11
  S. 22/3, 4
  S. 23/9

➔ S. 24/4

① Rechne schriftlich. Schreibe H unter H, Z unter Z, E unter E.

a) $298 + 647 + 45 = 990$
   $324 + 438 + 191 = 953$

b) $698 - 274 = 424$
   $485 - 352 = 133$

c) $541 - 322 = 219$
   $992 - 697 = 295$

② Rechne. Überprüfe mit der kleinen Aufgabe.

a) $4 \cdot 60 = 240$
   $9 \cdot 80 = 720$

b) $70 \cdot 8 = 560$
   $40 \cdot 9 = 360$

c) $540 : 9 = 60$
   $630 : 7 = 90$

d) $480 : 60 = 8$
   $300 : 50 = 6$

③ a)

b)

c)

(Zahlenpyramiden:)

a) 997 / 515 482 / 194 321 161 / 27 167 154 7

b) 866 727 645 617 / 139 82 28 / 57 54 / 3

c) 898 / 529 369 / 268 261 108 / 104 164 97 11

④ Ergänze.

a) 915 mm
   147 mm
   1 m 12 cm
   4 m 79 cm

b) 741 kg
   745 g
   469 kg 730 g
   201 kg 520 g

⑤ Ergänze.

a) 373 ct
   115 ct

b) 2 € 58 ct
   2 € 23 ct

c) 1,93 €
   28,81 €

⑥ Runde die Zahlen jeweils auf den Zehner und auf den Hunderter.

a) 923
   ≈ 920
   ≈ 900

b) 475
   ≈ 480
   ≈ 500

c) 109
   ≈ 110
   ≈ 100

d) 550
   ≈ 550
   ≈ 600

e) 637
   ≈ 640
   ≈ 600

⑦ Wie viele Milliliter fehlen jeweils bis zu einem Liter?

a) 750 ml
   250 ml

b) $\frac{1}{2}$ l
   500 ml

c) 250 ml
   750 ml

d) $\frac{3}{4}$ l
   250 ml

e) 150 ml
   850 ml

⑧ Rechne und mache die Probe (P).

a) $47 : 6 = 7 \, R5$
   P: $(7 \cdot 6) + 5 = 47$
   42

b) $26 : 3 = 8 \, R2$
   P: $(8 \cdot 3) + 2 = 26$
   24

c) $13 : 2 = 6 \, R1$
   P: $(6 \cdot 2) + 1 = 13$
   12

d) $57 : 8 = 7 \, R1$
   P: $(7 \cdot 8) + 1 = 57$
   56

⑨ Rechne halbschriftlich.

a) $12 \cdot 6 = 72$
   $7 \cdot 21 = 147$
   $34 \cdot 9 = 306$

b) $428 \cdot 4 = 1712$
   $2 \cdot 839 = 1678$
   $105 \cdot 7 = 735$

c) $104 : 8 = 13$
   $135 : 9 = 15$
   $75 : 3 = 25$

d) $637 : 7 = 91$
   $414 : 9 = 46$
   $492 : 4 = 123$

⑩ Bauer Franz liefert 189 l Milch an die Molkerei. Seine Kühe geben im Durchschnitt je 9 l Milch.

F: Wie viele Milchkühe hat Bauer Franz?

R: $189 \, l : 9 \, l = 21$

A: 21 Milchkühe hat Bauer Franz.

1 `ICH + DU + WIR` Die Vielfachen von ④ und ⑤! Was fällt euch auf?

→ S. 136

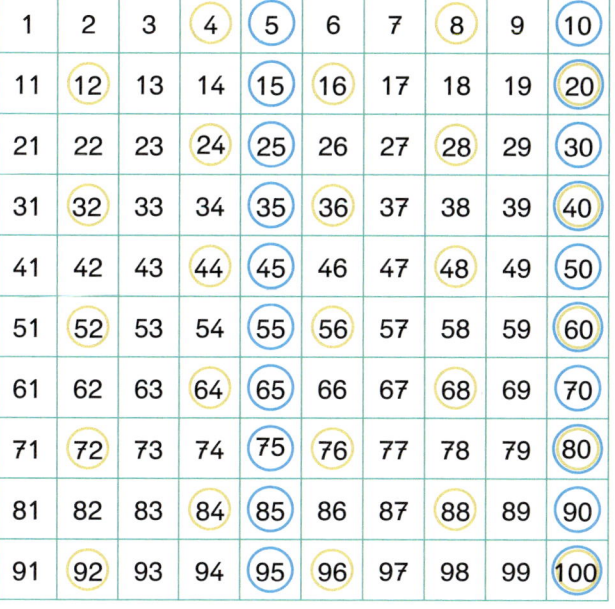

20 ist Vielfaches von 4 und 5. 4 · 5 = 20

Die Vielfachen von 5 sind ohne Rest durch 5 teilbar.

Mir fällt auf, dass ...

Alle Ergebnisse von Malaufgaben, die ich zu einer Zahl finden kann, sind **Vielfache** dieser Zahl.

2 Kennzeichne in einem Hunderterfeld die Vielfachen der folgenden Zahlen. Welche Muster entstehen? Beschreibe.

a) ② b) ③ c) ⑥ d) ⑦ e) ⑧ f) ⑨

`ICH + DU + WIR` Vergleicht die Vielfachen von 3, 6 und 9. Was fällt euch auf? Notiert und vergleicht eure Entdeckungen.

3 Schreibe die Vielfachen der folgenden Zahlen auf.

a) 4 (zwischen 18 und 42) b) 8 (zwischen 38 und 84)
c) 40 (zwischen 180 und 420) d) 80 (zwischen 380 und 840)
e) Vergleiche deine Ergebnisse von a) und c) sowie von b) und d). Was fällt dir auf? Notiere deine Entdeckungen.

V4: 20, 24, …

4 a) `ICH + DU + WIR` Findet alle Teiler von 36. Wie geht ihr vor?
b) So überlegen die Kinder. Erkläre.

→ S. 136

36 ist eine gerade Zahl, ich kann sie durch 2 teilen und erhalte 18. Also sind 2 und 18 Teiler von 36.

Ich suche alle Malaufgaben, die 36 als Ergebnis haben. So finde ich die Teiler.

Jede Zahl ist durch 1 und durch sich selbst teilbar. Damit habe ich schon den kleinsten und den größten Teiler.

Alle Zahlen, durch die ich eine Zahl ohne Rest teilen kann, sind **Teiler** dieser Zahl.

5 Schreibe die Teiler der folgenden Zahlen auf. Wie gehst du vor? Besprich dich mit deinem Partnerkind.

a) 100 b) 42 c) 64 d) 76

T100: 1, 2, …

6 `ICH + DU` Findet möglichst viele Zahlen, die nur durch 1 und sich selbst teilbar sind. Diese Zahlen heißen Primzahlen.

→ S. 135

Signalwörter

Minus, plus, geteilt durch oder mal, das verrät mir keine Zahl! Kleine Wörter geben mir oft ein Signal.

Signalwörter:
je, jeder, jeweils,
2-, 3-, 4-mal,
doppelt so viel,
halb so viel,
gleich viel, ...

① Marie hat eine Murmelsammlung, die sie in drei Schachteln aufbewahrt. In **jeder** Schachtel sind sechs kleine Kästchen. Darin sind **jeweils** vier Beutel mit zehn Murmeln. Einen Teil ihrer Sammlung möchte sie an ihre drei Freundinnen **verschenken**. Anna, Lena und Luisa bekommen **jeweils gleich viele** Murmeln. Marie möchte für sich selbst **doppelt so viele** Murmeln behalten, wie sie einer Freundin gibt.
a) F: Wie viele Murmeln hat Marie in ihrer Sammlung?
b) F: Wie viele Murmeln bekommt jedes Mädchen?
c) F: Wie viele Murmeln hat Marie am Ende noch?

② Die Kinder einer Handarbeitsgruppe stricken um die Wette. Zwei Achtergruppen treten gegeneinander an. Sieger wird die Gruppe, die mit der Strickliesel die längste Schnur schafft. Die einzelnen Schnüre der Kinder werden am Schluss **zusammengefügt**.
Gruppe 1: **3-mal** 40 cm; **2-mal** 0,60 m; 1,08 m; 167 cm
Gruppe 2: **4-mal** 70 cm; **3-mal** 0,35 m; 2 m 17 cm

a) F: Welche Gruppe gewinnt?
b) F: Um wie viele Zentimeter müsste die Verlierergruppe ihre Schnur mindestens **verlängern**, um Sieger zu werden?

③ Steffis Hund Pfote ist krank. Steffi tröpfelt ihm **4-mal** täglich mit einer Pipette **je** einen halben Milliliter Ohrentropfen ins Ohr. Nach 15 Tagen ist die Flasche leer.
a) F: Wie viele Milliliter waren in der Flasche?
b) F: Wie lange hätte der Flascheninhalt gereicht, wenn Steffi ihrem Hund die Tropfen nur 3-mal täglich verabreicht hätte?

④ Die Firma Fit spendet der Schule 60 Federballschläger und **je** vier Federbälle dazu.
a) F: Wie viele Federballschläger muss die Schule **nachkaufen**, wenn jede der acht Klassen 24 Schläger erhalten soll?
b) F: Wie viele Federbälle muss die Schule **zusätzlich** kaufen, wenn zu **jedem Paar** Schläger drei Federbälle ausgeteilt werden sollen?

So manches Verb verrät es mir, ob ich addier', subtrahier', multiplizier' oder dividier'.

Signalwörter:
verschenken,
zusammenfügen,
nachkaufen,
verlängern, ...

Auf dem Reiterhof

5 Lisa, Samuel, Erkan und Andi sind beim Reiten. Ihre Pferde sind gescheckt, braun, schwarz und weiß. Lisas Pferd ist 1,56 m groß und weiß. Erkans Schecki ist 36 cm **kleiner**. Samuels Pferd ist nicht gescheckt und 20 cm **größer** als Erkans Schecki. Andis schwarzes Pferd Blacky ist **größer** als die weiße Stute Mona. Samuels Pferd Sprinter ist mit zehn Jahren das **jüngste** der vier Pferde. Blacky, Schecki und Mona sind jeweils ein Jahr **älter**. Das **größte** Pferd ist 1,60 m. Zeichne die Tabelle in dein Heft und ergänze.

	Lisa	Samuel	Erkan	Andi
Pferd				
Farbe	weiß			
Alter				
Größe	1,56 m			

Hier muss ich genau lesen und sortieren.

Signalwörter:
kleiner, größer, am kleinsten, am größten, ...

jünger, älter, am jüngsten, am ältesten, ...

mehr, weniger, am meisten, am wenigsten, ...

schneller, langsamer, am schnellsten, am langsamsten, ...

6 Für die monatliche Unterbringung ihrer Pferde im Stall müssen die Kinder unterschiedlich viel bezahlen. Die Box von Andis Blacky kostet mit 280 € **am meisten**. Erkan zahlt für Scheckis Box 56 € **weniger** als Andi, aber 32 € **mehr** als Samuel. Monas Box kostet **am wenigsten**. Lisa zahlt **die Hälfte** vom Preis, den Andi bezahlt.
a) F: Wie viel müssen die Kinder jeweils bezahlen?
b) Wenn die Stallmiete im Voraus für das ganze Jahr gezahlt wird, müssen die Kinder pro Monat ein Viertel weniger vom ursprünglichen Preis bezahlen.
   F: Wie viel kosten die Pferdeboxen dann pro Monat?

7 Die vier Kinder machen mit ihren Pferden ein Wettrennen. Mona ist mit 1 min 6 s die **Zweitschnellste**. Sprinter ist 6 s **langsamer** als Mona, aber 10 s **schneller** als Blacky. Schecki ist **der Schnellste** und braucht genau 55 s.
a) F: In welcher Reihenfolge gelangen die Pferde ins Ziel?
b) Berechne die Unterschiede zwischen den einzelnen Zeiten.

8 Der Hufschmied braucht 32 Nägel, um ein Pferd zu beschlagen. **Ein Viertel** der Nägel hat er schon verbraucht.
a) F: Wie viele Hufe sind schon beschlagen?
b) F: Wie viele Nägel benötigt der Hufschmied, wenn er die Pferde aller vier Kinder beschlagen möchte?

Das Beschlagen eines Pferdes kostet 76 €. Der Hufschmied macht den Kindern ein Angebot: „Wenn ich alle Pferde zusammen beschlage, kostet es 284 €." Ist das Angebot für die Kinder günstiger?

Signalwörter erkennen, Rechenzeichen nennen.

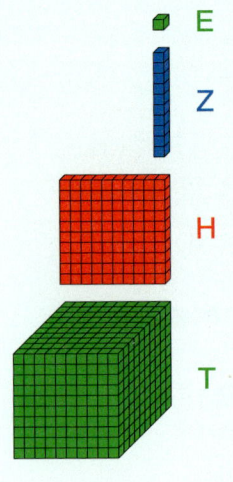

E
Z
H
T

306

ICH + DU Zeichne eine Zahl. Dein Partnerkind schreibt die passende Zahl in Ziffernschreibweise.

224

Ordne die Zahlen der Größe nach.

Merke dir:

1Z   10E
1H   10Z
1T   10H

① ICH + DU + WIR Packt einen Tausenderwürfel. Wie geht ihr vor? Erklärt.

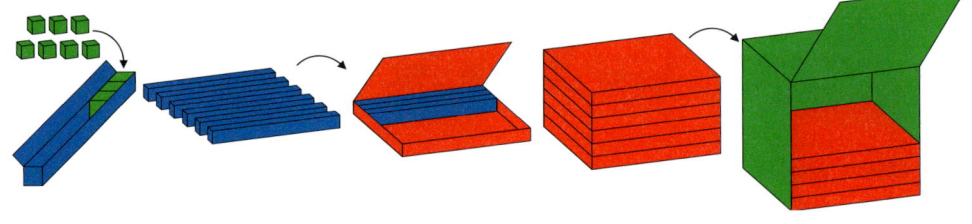

② Welche Zahlen sind mit Tausenderwürfel, Hunderterplatten, Zehnerstangen und Einerwürfeln dargestellt?

a) b) c)

d) e) f)

g)

h)

③ Zeichne und schreibe. Achte auf die Reihenfolge.

a) 2H 2Z 4E   b) 1T 3H 2Z 4E   c) 2H 6Z 5E   d) 3T 2H 6Z 5E

e) 2T 4H 2Z   f) 1T 4H 2Z   g) 2T 7H 1E   h) 4T 7H 1E

i) 4Z 2E 3H   j) 3H 2E 1T 4Z   k) 3E 3H 2Z   l) 3T 2Z 3E 3H

④ Wechsle und schreibe Tausender grün, Hunderter rot, Zehner blau, Einer grün.

a) 5H 15Z 4E   b) 2T 6H 3Z 29E   c) 44Z 4E   d) 11H 3Z 19E

e) 1T 11Z 1E   f) 3T 6H 14Z 16E   g) 4T 28Z   h) 14H 21Z 36E

i) 10E 2T 16H   j) 1T 7H 19Z 23E   k) 44E 24H   l) 34H 6Z 8E

⑤ Zahlen hören

- Denk dir eine Zahl aus.
- Pfeife, stampfe, klatsche und schnippe die Zahl.
- Dein Partnerkind hört zu und nennt die Zahl.
- Wechselt euch ab.

Pfeifen: T
Stampfen: H
Klatschen: Z
Schnippen: E

6 Auf welche Zahlen in der Tausenderkette zeigen die Buchstabenpfeile? Schreibe.

A: 590

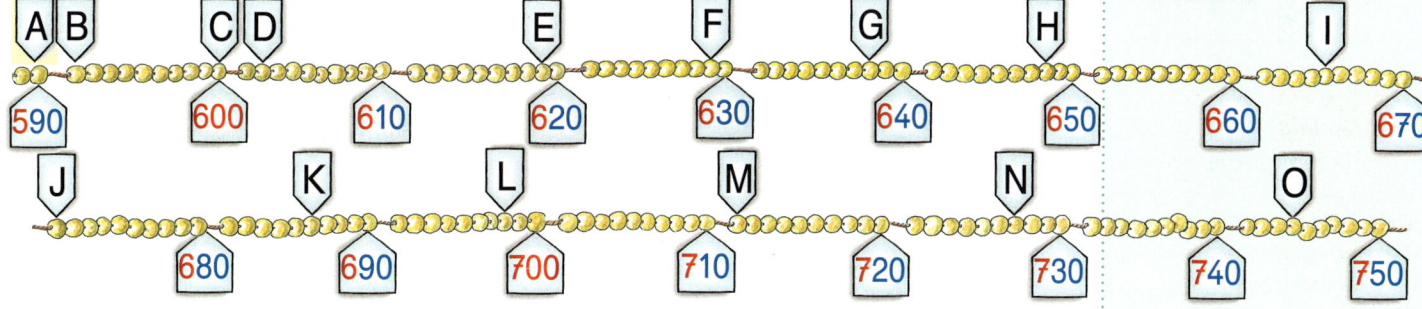

7 Schreibe zu jeder Zahl aus Aufgabe 6 die passende Zahl im nächsten Tausender.

A: 1590

8 Wie geht es weiter?

a) 650, 660, 670, ... 770   b) 650, 640, 630, ... 530
c) 685, 690, 695, ... 750   d) 615, 610, 605, ... 550
e) 894, 896, 898, ... 920   f) 406, 404, 402, ... 380

ICH + DU

Zeichnet auf ein großes Blatt den passenden Ausschnitt aus der Tausenderkette.

9 Schreibe zu den Zahlenreihen von Aufgabe 8 die passende Zahlenreihe im nächsten Tausender.
1 650, 1 660, 1 670, ... 1 770

Erfinde eigene Zahlenreihen.

10 Lege die Zahlen mit deinen Zahlenkärtchen.

a) 415   b) 564   c) 624   d) 504   e) 640
   1 415   1 564   1 624   1 504   1 640

f) 293   g) 405   h) 410   i) 999   j) 300
   1 293   1 405   1 410   1 999   1 300

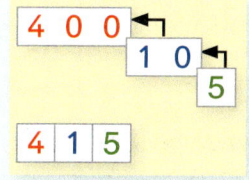

11 Finde zu den Zahlen aus Aufgabe 10 die Vorgänger und Nachfolger. Schreibe in eine Tabelle.

Vor-gänger-H	Vor-gänger-Z	Vor-gänger-E	Zahl	Nach-folger-E	Nach-folger-Z	Nach-folger-H
400	410	414	415	416	420	500
1 400	1 410	1 414	1 415	1 416	1 420	1 500

ICH + DU Lege eine Zahl bis 1 000. Dein Partnerkind legt die passende Zahl im nächsten Tausender.

12

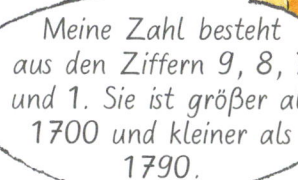

Meine Zahl ist die größte dreistellige Zahl.

Meine Zahl ist die kleinste vierstellige Zahl mit 4 gleichen Ziffern.

Meine Zahl besteht aus den Ziffern 9, 8, 7 und 1. Sie ist größer als 1700 und kleiner als 1790.

 Erfinde ähnliche Zahlenrätsel für „Unser Mathebuch".

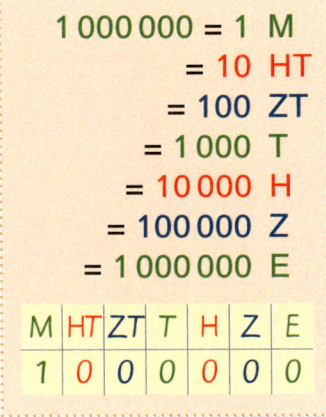

M	HT	ZT	T	H	Z	E
1	0	0	0	0	0	0

$1\,000\,000 = 1\ M$
$= 10\ HT$
$= 100\ ZT$
$= 1\,000\ T$
$= 10\,000\ H$
$= 100\,000\ Z$
$= 1\,000\,000\ E$

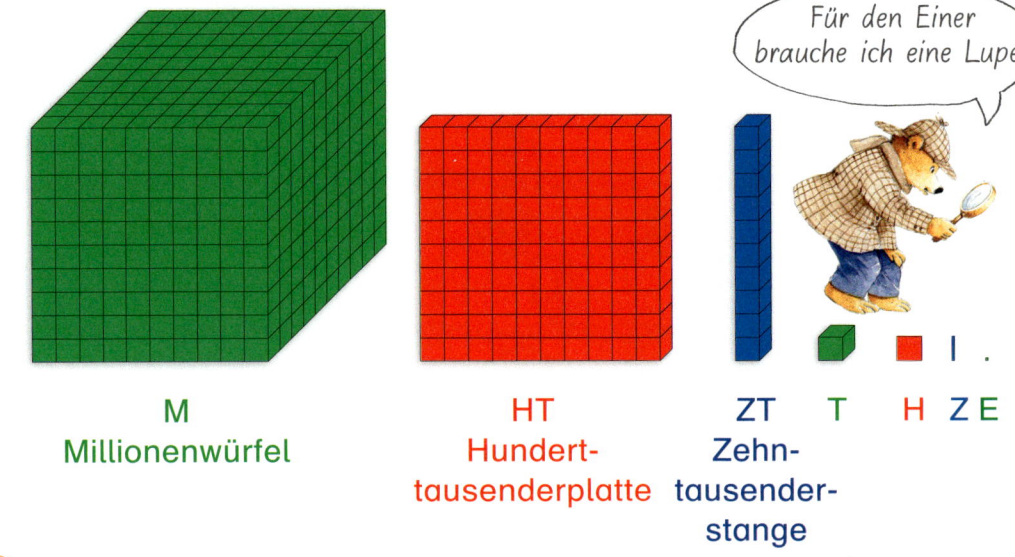

M
Millionenwürfel

HT
Hundert-
tausenderplatte

ZT
Zehn-
tausender-
stange

T   H Z E

Für den Einer brauche ich eine Lupe.

→ S. 136

	HT	ZT	T	H	Z	E
a)	3	2	7	0	0	0
b)	1	0	4	0	0	0

Überlege dir weitere Zahlen. Schreibe sie in die Stellenwert-tabelle und zeichne sie.

1 Welche Zahlen sind mit Millionenwürfel, Hunderttausenderplatten, Zehntausenderstangen und Tausenderwürfeln dargestellt? Zeichne eine Stellenwerttabelle und schreibe die Zahl. Denke auch an die Nullen.

a) b) c) d) e) f) g) h) i)

HT	ZT	T	H	Z	E
1	4	5	9	2	3

2 Lege die Zahlen mit den Zahlenkärtchen und schreibe die Zahlen in die Stellenwerttabelle.

a) 145 923   b) 654 321   c) 64 021   d) 262 626

e) 930 201   f) 543 345   g) 6 491   h) 456 786

i) 470 218   j) 987 876   k) 308 532   l) 891 150

3 ICH + DU Schreibe eine Zahl. Dein Partnerkind legt sie mit den Zahlenkärtchen und schreibt sie in die Stellenwerttabelle.

4 Schreibe die Zahl 987 654 in die Stellenwerttabelle. Welche Zahl erhältst du, wenn sich …
a) … der E-Stellenwert verdoppelt?
b) … der Z-Stellenwert um 5 verringert?
c) … der H-Stellenwert halbiert?
d) … der T-Stellenwert um 2 erhöht?

5 Löse die Additionsaufgaben mit deinen Zahlenkärtchen.

a) `50 000` + `3 000` + `700` + `20` + `4` = ☐

b) `400 000` + `10 000` + `2 000` + `800` + `60` + `2` = ☐

c) `500 000` + `60 000` + `3 000` + `100` + `20` = ☐

d) `600 000` + `5 000` + `900` + `8` = ☐

e) `50` + `700 000` + `20 000` + `6 000` + `100` + `8` = ☐

f) `8` + `40 000` + `200` + `7 000` + `900 000` = ☐

g) `800` + `4` + `300 000` + `5 000` = ☐

h) `8` + `300` + `7 000` + `90 000` = ☐

Lass hinter dem Tausender eine Lücke!

6 Schreibe die Zahlwörter als Ziffern.

a) zweihundertdreiundachtzigtausendsiebenhundertdreizehn

b) dreiundneunzigtausendvierhundertachtundzwanzig

c) siebentausendzweihundertvierundsiebzig

d) neunhundertzweiundzwanzigtausendvierhundertsechzehn

e) zweihundertzwölftausendfünfhundertelf

→ S. 136

2837**13

→ S. 136

ICH + DU
Schreibe eine Zahl. Dein Partnerkind schreibt das Zahlwort dazu.

→ S. 136

456**78

7 Schreibe die Zahlen. Achte auf die Reihenfolge.

a) `4ZT 5T 6H 7Z 8E`   b) `6HT 2ZT 4T 5H 8Z`   c) `9T 5H 4Z 9E`

d) `9H 7ZT 4HT 3E 9Z 1T`   e) `8Z 3H 5ZT 9E 3T`   f) `3T 4HT 3E 9Z`

g) `1ZT 4E 9T 2Z 8H 1HT`   h) `6E 7ZT 3H 9T`   i) `2T 4HT 7Z`

Ordne die Zahlen der Größe nach.

8 Schreibe die Zahlen in Ziffernschreibweise und als Zahlwort.

a) `6HT 5ZT 4T 9H 6Z 3E`

b)
HT	ZT	T	H	Z	E
7	9	6	4	8	1

c) `900 000` `10 000` `4 000` `500` `20` `3`

d) `6H 5ZT 4HT 3E`

e)
HT	ZT	T	H	Z	E
1	8	3	4	7	

f) `600` `30` `70 000` `2 000` `3`

g) `8 000` `60 000` `400` `6` `80`

h) `4H 2E 9HT 5ZT`

i) `8HT 4E 9ZT 8H 9Z`

j)
HT	ZT	T	H	Z	E
		3	2	9	1

k)
HT	ZT	T	H	Z	E
2	5	0	3	9	9

l) `200` `4 000` `200 000` `50` `0`

654 963
sechshundertvier-
undfünfzigtausend-
neunhundertdrei-
undsechzig

ICH + DU
Zahlenplakat!
Sucht euch Zahlen zwischen 1 000 und 1 000 000. Stellt sie auf möglichst viele verschiedene Arten dar.

⏱ Seite 33, Aufgabe 8   Zahlen schreiben

1 ICH + DU + WIR ▸ Erklärt die Wechselregeln.

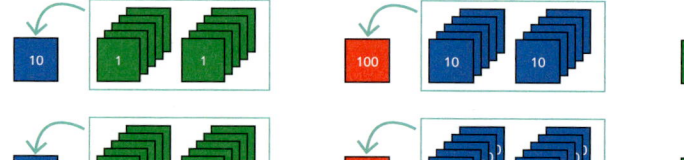

2 Verwende diese Karten: ▮1▮ ▮10▮ ▮100▮ ▮1000▮ ▮10000▮ ▮100000▮ ▮1000000▮

Lege und wechsle. Beginne immer mit den Einern.
Schreibe in eine Tabelle.

gezählt

HT	ZT	T	H	Z	E
1	4	11	6	1	7

gewechselt

HT	ZT	T	H	Z	E
1	5	1	6	1	7

a)
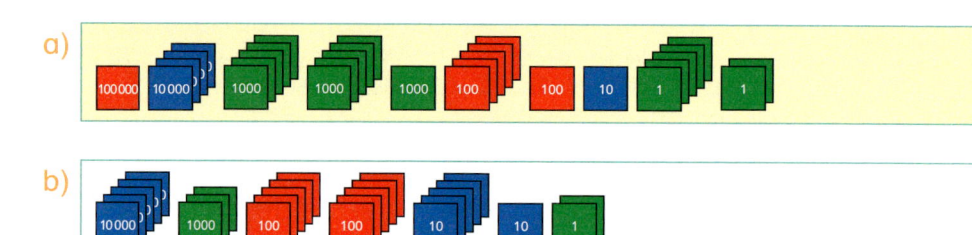

b)
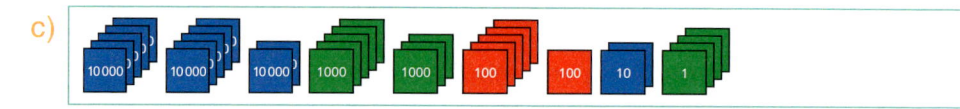

c)
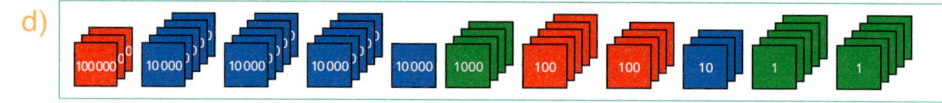

d)

e)
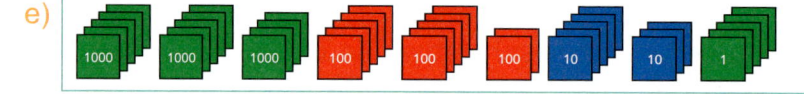

f)
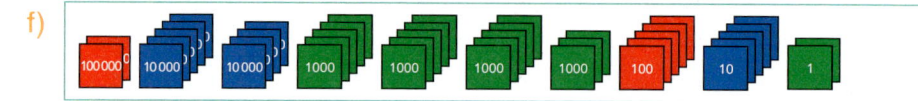

Was verändert sich, wenn du jeweils

 dazulegst?

g)
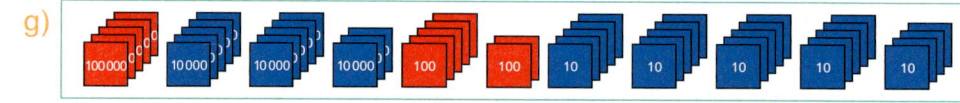

h)
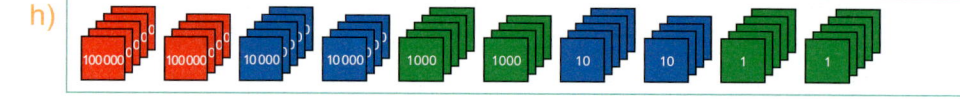

3 ICH + DU ▸ Lege eine Zahl mit den Karten aus Aufgabe 2.
Dein Partnerkind wechselt und nennt die Zahl.

4 Zeichne zwei Stellenwerttabellen. Trage die Aufgabe in die erste Stellenwerttabelle ein. Wechsle dann und trage das Ergebnis in die zweite Stellenwerttabelle ein.

a) 5ZT 8T 13H 9Z 3E

b) 11ZT 2T 8H 5Z 2E

c) 1HT 12ZT 5T 7H 8Z 4E

d) 4HT 14ZT 9T 3H 1Z 9E

e) 9HT 8ZT 12T 7H 9Z 3E

f) 6HT 4ZT 16T 4H 8Z 8E

g) 12ZT 6T 9Z 11E

h) 8ZT 10T 8H 7Z 25E

i) 9ZT 10T 8H 12E

j) 3HT 21ZT 16H

k) 4T 53H 5Z 13E

l) 17ZT 9T 11H

5 Wechsle und schreibe die Ergebniszahl farbig.

a) 22ZT 3T 4H 13Z 24E

b) 9ZT 43T 86H 4Z 59E

c) 9T 18H 45Z 7E

d) 29ZT 46H 78Z 35E

e) 7T 41H 24Z 123E

f) 94ZT 46T 53H 120Z 84E

g) 9HT 9ZT 9T 9H 9Z 10E

h) 9HT 8ZT 18T 19H 8Z 20E

6 Bibus Wechselspiel
(Spiel für mindestens 3 Kinder)

- Ihr braucht viele 1 10 100 1000 10 000 100 000 ,

  zwei und eine 1 000 000 .

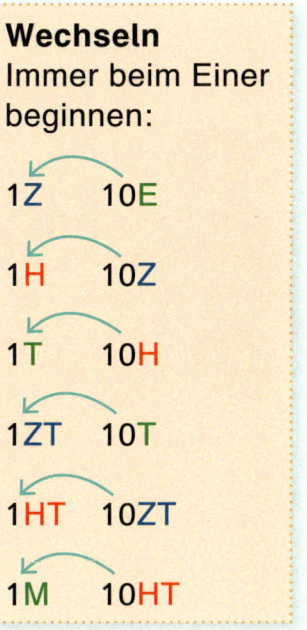

- Ein Kind ist der Spielleiter und verwaltet die Karten. Der Spielleiter gibt jedem Kind immer sofort nach dem Wurf die entsprechenden Karten.
- Die anderen Kinder würfeln der Reihe nach.
  1. Runde: Die gewürfelten Zahlen stehen für die E.
  2. Runde: Die gewürfelten Zahlen stehen für die Z.
  3. Runde: Die gewürfelten Zahlen stehen für die H.
  4. Runde: Die gewürfelten Zahlen stehen für die T.
  5. Runde: Die gewürfelten Zahlen stehen für die ZT.
  6. Runde: Die gewürfelten Zahlen stehen für die HT.
- Immer wenn ein Kind 10 oder mehr in einem Stellenwert hat, darf es beim Spielleiter wechseln.
- Wer hat nach der 6. Runde die höchste Zahl?

gezählt

HT	ZT	T	H	Z	E
	5	8	13	9	3

gewechselt

HT	ZT	T	H	Z	E
	5	9	3	9	3

Vor dem Aufschreiben lege und wechsle ich mit meinen Karten.

223 554

Schreibe ähnliche Aufgaben für „Unser Mathebuch".

Wechseln
Immer beim Einer beginnen:

1Z → 10E

1H → 10Z

1T → 10H

1ZT → 10T

1HT → 10ZT

1M → 10HT

Auf dem Weg zur Million

1 ICH + DU + WIR Wie viele sind es ungefähr? Schätzt. Wie geht ihr vor? Vergleicht eure Strategien.

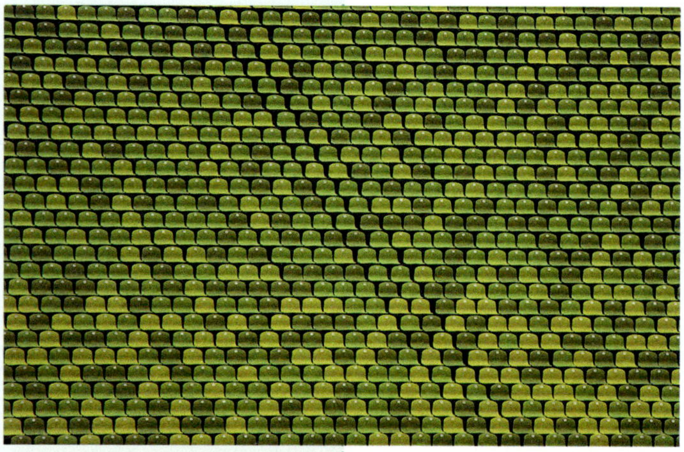

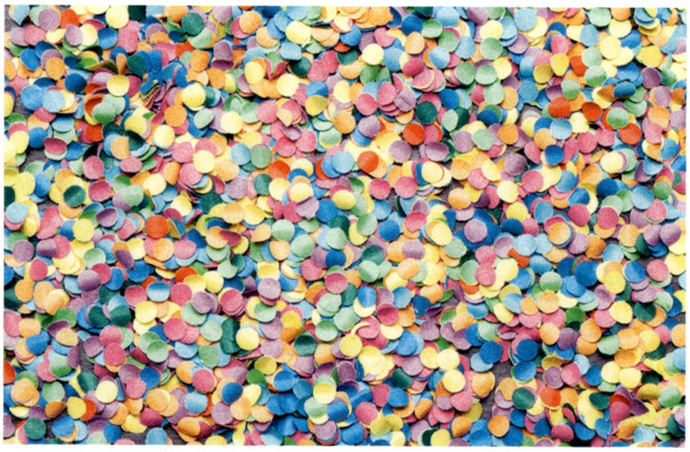

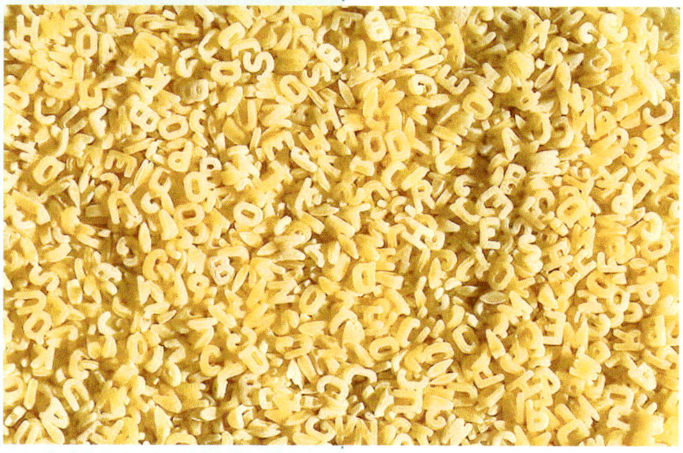

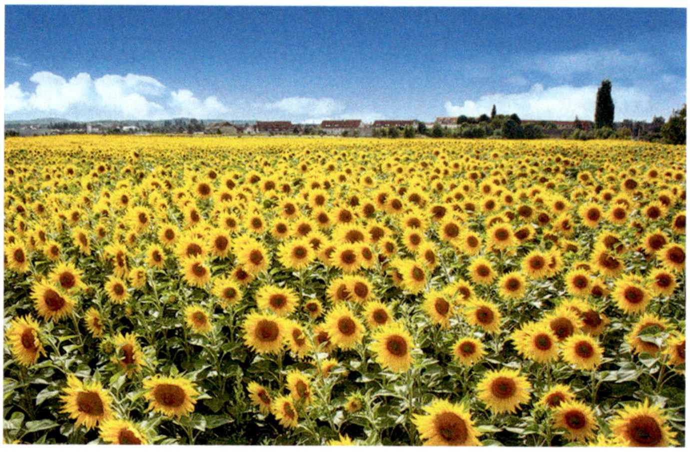

2 ICH + DU + WIR Können diese Aussagen stimmen? Begründet. Wie könnt ihr das überprüfen? Beschreibt, wie ihr vorgeht.

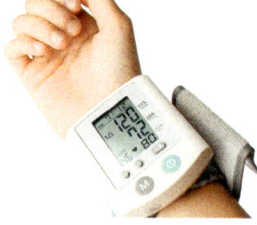

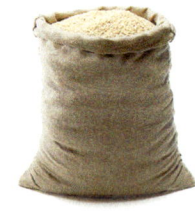

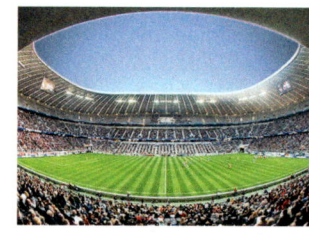

Das Herz eines Kindes schlägt 1 Million Mal am Tag.

In einem 20-kg-Sack Reis sind 1 Million Reiskörner enthalten.

Ein Fußballstadion fasst 1 Million Menschen.

Ich überlege: Wie oft schlägt das Herz in einer Minute?

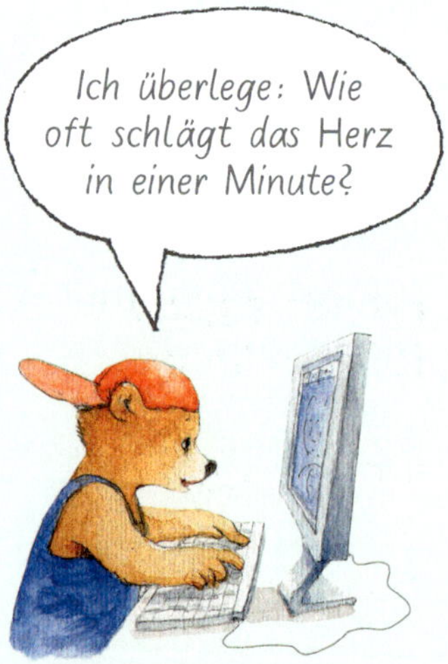

Sammelt Gegenstände oder Bilder für eine Millionen-Ausstellung.

3 ICH + DU + WIR Schätzt zuerst. Rechnet dann und vergleicht eure Lösungen. Wie seid ihr vorgegangen? Tauscht euch aus.

a) Wie hoch wäre ein Turm aus einer Million 1-€-Münzen?

b) Wie viele 5-€-Geldscheine brauchst du, um einen 1 000 000 mm langen Weg auszulegen?

4 `ICH + DU + WIR` Wie viele Einwohner leben in eurem Wohnort? Schätzt zuerst. Wie könnt ihr die genaue Einwohnerzahl herausfinden?

5 Auf der Karte sind die fünf größten Städte Bayerns eingezeichnet.

a) Finde heraus, wie viele Einwohner in diesen Städten leben. Die Zahlen am Rand helfen dir.

b) Ordne die Einwohnerzahlen der Größe nach.

c) Finde zu weiteren Orten, die dich interessieren, die Einwohnerzahlen und ordne sie der Größe nach.

Ich suche im Internet.

276 542

129 136

1 407 836

140 276

498 876

6 Schöne Türme! Setze jeden Turm um 5 Aufgaben fort. Notiere deine Entdeckungen.

a)
200 000	+	800 000
200 000	+	700 000
200 000	+	600 000

b)
900 000	+	100 000
800 000	+	200 000
700 000	+	300 000

c)
1 000 000	−	900 000
1 000 000	−	800 000
1 000 000	−	700 000

d)
900 000	−	800 000
800 000	−	700 000
700 000	−	600 000

Zielzahl 900 000! Finde viele Aufgaben. Wie gehst du vor? Schreibe auf.

Erfinde eigene Rechentürme.

7 Mit großen Zahlen rechnen. Welchen Trick gibt es?

a)
200 000 + ☐ = 500 000
800 000 + ☐ = 1 000 000
300 000 + ☐ = 900 000

b)
600 000 − ☐ = 100 000
900 000 − ☐ = 600 000
1 000 000 − ☐ = 700 000

2HT + ☐ = 5HT

8 a)
300 000 + 500 000 − 200 000
900 000 − 400 000 + 100 000
600 000 + 400 000 − 800 000

b)
800 000 − 200 000 + 300 000
400 000 + 300 000 − 100 000
600 000 − 500 000 + 900 000

Immer 1 Million! Wer findet die meisten Aufgaben? Ihr habt 3 Minuten Zeit.

9 a)
1 000 000 = 300 000 + ☐
1 000 000 = 700 000 + ☐
1 000 000 = 100 000 + ☐

b)
1 000 000 = ☐ + 200 000
1 000 000 = ☐ + 600 000
1 000 000 = ☐ + 900 000

Finde alle Zahlen, die du aus den Ziffern 6 , 3 , 2 und 9 bilden kannst. Wie gehst du vor? Schreibe auf. Ordne die Zahlen der Größe nach.

1 Geheimzahlsuche
- Ein Kind bestimmt aus den Ziffern 6 , 3 , 2 und 9 eine Geheimzahl, die alle Kinder der Klasse erraten sollen.
- Jedes Kind schreibt eine Zahl auf.
- Anschließend lesen alle Kinder ihre Zahl vor.
- Ist die Geheimzahl dabei?

2 Ziffern ziehen
(Spiel für 2 Kinder)
- Ihr braucht Ziffernkarten von 0 bis 9.
- Ziehe vier Ziffernkarten und bilde damit die größte und kleinste Zahl.
- Notiere dir die Zahlen.
- Wechselt euch ab und spielt das Spiel 5-mal.
- Ordnet am Ende eure 10 Zahlen von klein nach groß.

Lege die Zahlen mit deinen Einer-, Zehner-, Hunderter- und Tausender-kärtchen.

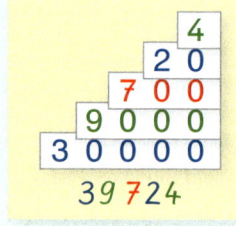

3 Zahlen bis 100 000! Lege die folgenden Zahlen mit deinen Zahlenkärtchen und schreibe sie farbig in dein Heft.
a) 39 724   b) 43 972   c) 27 943   d) 73 249   e) 37 942   f) 37 492
g) 39 702   h) 72 093   i) 70 923   j) 30 927   k) 30 092   l) 70 397

4 Ordne die Zahlen aus Aufgabe 3 der Größe nach.

5 Zahlen bis 1 Million! Lege die folgenden Zahlen mit deinen Zahlenkärtchen und schreibe sie farbig in dein Heft.
a) 523 427 b) 253 407 c) 532 472 d) 358 004 e) 850 430 f) 325 072
g) 853 040 h) 583 400 i) 523 207 j) 508 034 k) 385 304 l) 235 740

Bilde mit den Zahlen aus Aufgabe 5 möglichst viele Zahlenpaare.
- ☐ > ☐
- ☐ < ☐

6 Ordne die Zahlen aus Aufgabe 5 der Größe nach.

7 Wir haben zwischen 75 000 und 150 000 Kopfhaare. Die meisten Haare haben blonde Menschen. Schwarzhaarige haben ungefähr 110 000 Kopfhaare, braunhaarige ungefähr 100 000. Die wenigsten Kopfhaare haben Rothaarige.
a) Welche Haarfarben haben die Kinder? Ordne zu.
   Sven: 148 345 Christina: 83 742 Luis: 114 590 Emil: 151 301
   Luzie: 103 421 Robert: 114 731   Evi: 149 872   Ester: 138 214
b) Lege die Zahlen aus a) mit deinen Zahlenkärtchen und ordne sie der Größe nach.

8 ICH + DU + WIR ▶ Wie viele Quadrate sind hier auf Millimeterpapier dargestellt? Schätzt zuerst. Zählt dann genau. Wie geht
ihr beim Zählen vor? Erklärt.

a)

b)

c)

Forsche nach: Wie viele
Millimeterquadrate passen
auf eine DIN-A4-Seite?

9 ICH + DU ▶ Ihr braucht Millimeterpapier. Wie könnt ihr 1 000 000
mit Millimeterpapier darstellen? Reicht eine DIN-A4-Seite
Millimeterpapier dafür aus? Probiert aus.

10 ICH + DU ▶ Stelle mit Millimeterpapier verschiedene große
Zahlen dar. Du kannst ausschneiden oder ausmalen.
Dein Partnerkind notiert die Zahl.

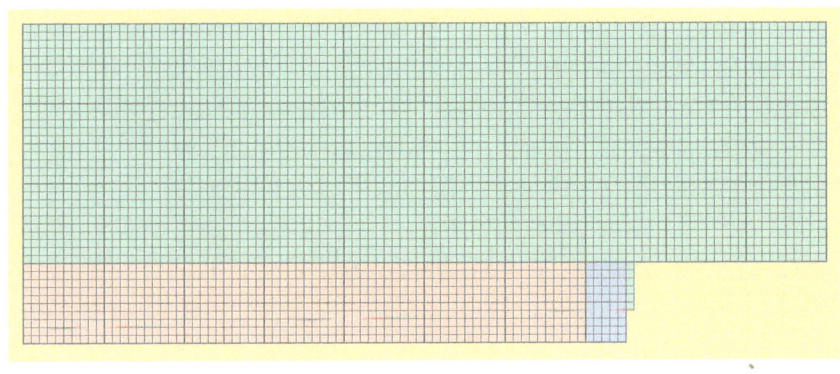

Du musst sehr
exakt arbeiten!

3756

Der Zahlenstrahl

1 Die Zahlen bis 100

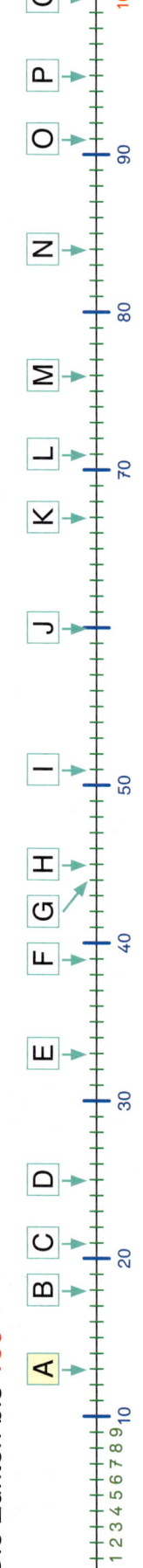

a) Auf welche Zahlen zeigen die Pfeile? Schreibe.
b) Finde die Vorgänger- und Nachfolger-Einer und -Zehner zu den Zahlen aus Aufgabe a). Schreibe sie in eine Tabelle.

A: 13

Vorgänger-Z	Vorgänger-E	Zahl	Nachfolger-E	Nachfolger-Z
10	12	13	14	20

2 Die Zahlen bis 1 000

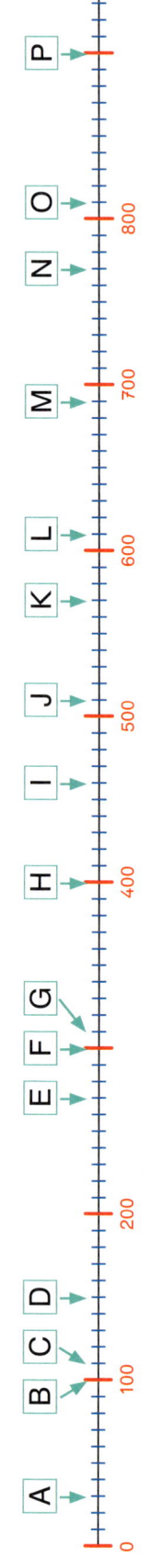

a) **ICH + DU** Was bedeutet ein kleiner Strich? In welchen Schritten wird gezählt? Besprecht euch.
b) Auf welche Zahlen zeigen die Pfeile? Schreibe.
c) Finde die Vorgänger- und Nachfolger-Zehner und -Hunderter zu den Zahlen aus Aufgabe b). Schreibe sie in eine Tabelle.

Vorgänger-H	Vorgänger-Z	Zahl	Nachfolger-Z	Nachfolger-H
0	20	30	40	100

3 Die Zahlen bis 10 000

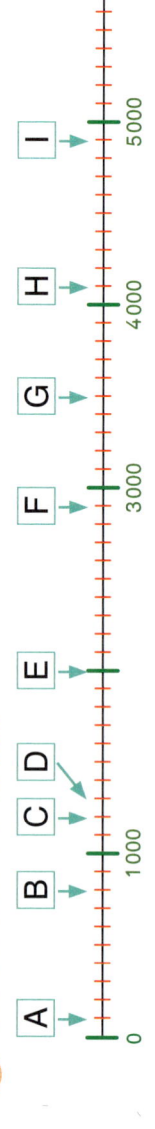

a) **ICH + DU** Was bedeutet ein kleiner Strich? In welchen Schritten wird gezählt? Besprecht euch.
b) Auf welche Zahlen zeigen die Pfeile? Schreibe.
c) Finde die Vorgänger- und Nachfolger-Hunderter und -Tausender zu den Zahlen aus Aufgabe b). Schreibe sie in eine Tabelle.

Vorgänger-T	Vorgänger-H	Zahl	Nachfolger-H	Nachfolger-T
0	0	100	200	1 000

4 Die Zahlen bis 100 000

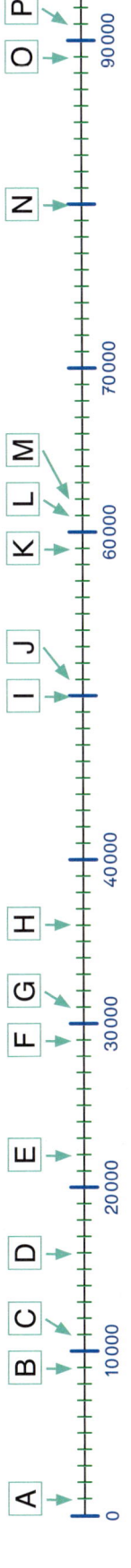

a) **ICH + DU** Was bedeutet ein kleiner Strich? In welchen Schritten wird gezählt? Besprecht euch.

b) Auf welche Zahlen zeigen die Pfeile? Schreibe.

c) Finde die Vorgänger- und Nachfolger-Zehntausender, -Tausender, -Hunderter, -Zehner und -Einer zu den Zahlen aus Aufgabe b). Schreibe sie in eine Tabelle.

5 Die Zahlen bis 1 000 000

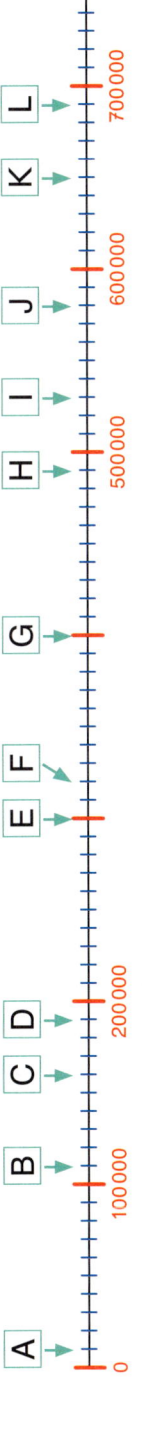

a) **ICH + DU** Was bedeutet ein kleiner Strich? In welchen Schritten wird gezählt? Besprecht euch.

b) Auf welche Zahlen zeigen die Pfeile? Schreibe.

c) Finde die Vorgänger- und Nachfolger-Hunderttausender, -Zehntausender, -Tausender, -Hunderter, -Zehner und -Einer zu den Zahlen aus Aufgabe b). Schreibe sie in eine Tabelle.

6 Ein Stück vom Zahlenstrahl

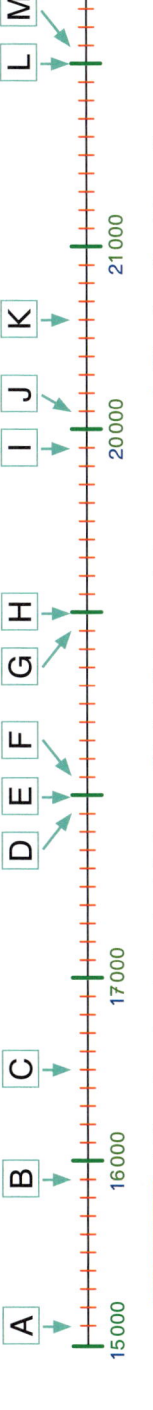

a) **ICH + DU** Was bedeutet ein kleiner Strich? In welchen Schritten wird gezählt? Besprecht euch.

b) Auf welche Zahlen zeigen die Pfeile? Schreibe.

c) Finde die Vorgänger- und Nachfolger-Tausender und -Hunderter zu den Zahlen aus Aufgabe b). Schreibe sie in eine Tabelle.

7 Zeichne Zahlenstrahle und trage die Zahlen der Tabelle ein.

Vorgänger-H 300	Vorgänger-Z 300	Zahl 302	Vorgänger-E 301	Nachfolger-E 303	Nachfolger-Z 310	Nachfolger-H 400
Vorgänger-ZT 10 000	Vorgänger-T 15 000	Zahl 15 400	Vorgänger-H 15 300	Nachfolger-H 15 500	Nachfolger-T 16 000	Nachfolger-ZT 20 000
Vorgänger-HT 400 000	Vorgänger-ZT 480 000	Zahl 484 000	Vorgänger-T 483 000	Nachfolger-T 485 000	Nachfolger-ZT 490 000	Nachfolger-HT 500 000

Überlege dir eigene Zahlen und schreibe sie in die Tabelle. Trage sie in einen Zahlenstrahl ein.

2 486,
2 496, 2 406 ...
Ups!

Denke dir selbst Zählreihen aus. Vorwärts, rückwärts, Zahlengrenze, ...

① Zählspiele für mehrere Kinder

- Setzt euch im Kreis hin.
- Ein Kind zählt nach den Regeln, bis es sich verzählt oder nicht mehr weiter weiß.
- Dann übernimmt das Nachbarkind.
- Ihr könnt auch alle gemeinsam zählen.
- Spannend wird es am Schluss, denn man darf die gegebene Zahlengrenze nicht überschreiten.

> Zählt von 2 486 vorwärts
> - in Zehnerschritten bis 2 686,
> - in Hunderterschritten bis 4 086,
> - in Tausenderschritten bis 7 486.

> Zählt von 142 601
> - in Zehnerschritten bis 142 771,
> - in Hunderterschritten bis 141 001,
> - in Tausenderschritten bis 159 601.

> Zählt von 35 794 rückwärts
> - in Zehnerschritten bis 35 634,
> - in Hunderterschritten bis 34 194,
> - in Tausenderschritten bis 19 794.

② Ziffernkärtchen kombinieren.

> Bilde aus den Ziffern von 1 bis 9 die größtmögliche und die kleinstmögliche
> - vierstellige Zahl,
> - fünfstellige Zahl,
> - sechsstellige Zahl.

> Bilde aus den Ziffern 5, 6, 3, 8 die größtmögliche vierstellige Zahl und addiere dazu die kleinstmögliche vierstellige Zahl, die du aus diesen Ziffern bilden kannst. Verwende jede Ziffer nur einmal.

> Bilde aus den Ziffern 6, 7, 8 die größtmögliche vierstellige Zahl. Du darfst dabei Ziffern mehrmals verwenden, aber keine der drei Ziffern weglassen. Subtrahiere davon die größtmögliche dreistellige Zahl, die du aus 6, 7, 8 bilden kannst.

Manchmal gibt es mehrere Lösungen.

Erfinde eigene Zahlenrätsel.

③ Zahlenrätsel!

> Meine Zahl hat doppelt so viele Z wie E, doppelt so viele H wie Z und doppelt so viele T wie H.

> Meine Zahl hat dreimal so viele T wie E und doppelt so viele Z und H wie E.

> Meine Zahl hat viermal so viele T wie H, halb so viele Z wie T und halb so viele E wie Z.

1 Luisa hat 64 Murmeln. Marie hat 3-mal so viele. Lena hat halb so viele Murmeln wie Marie. Anna hat so viele Murmeln wie Luisa und Lena zusammen.
a) F: Wie viele Murmeln haben Marie, Lena und Anna jeweils?
b) Die Kinder wollen die Murmeln gerecht untereinander aufteilen.
F: Wie viele Murmeln bekommt jedes Kind?

Bearbeite immer eine Aufgabe. Wie konntest du sie lösen? Male im Heft passend dazu:

2 Schreibe auf und ergänze.

1M = ☐ HT   1M = ☐ ZT   1M = ☐ T
1M = ☐ H   1M = ☐ Z   1M = ☐ E

3 Rechne mit großen Zahlen. Denke an den Trick.

a) 300 000 + ☐ = 800 000
700 000 + ☐ = 900 000
400 000 + ☐ = 1 000 000

b) 200 000 + 400 000 + 300 000 = ☐
700 000 − 600 000 + 500 000 = ☐
1 000 000 − 700 000 + 400 000 = ☐

4 Auf welche Zahlen zeigen die Pfeile? Schreibe.

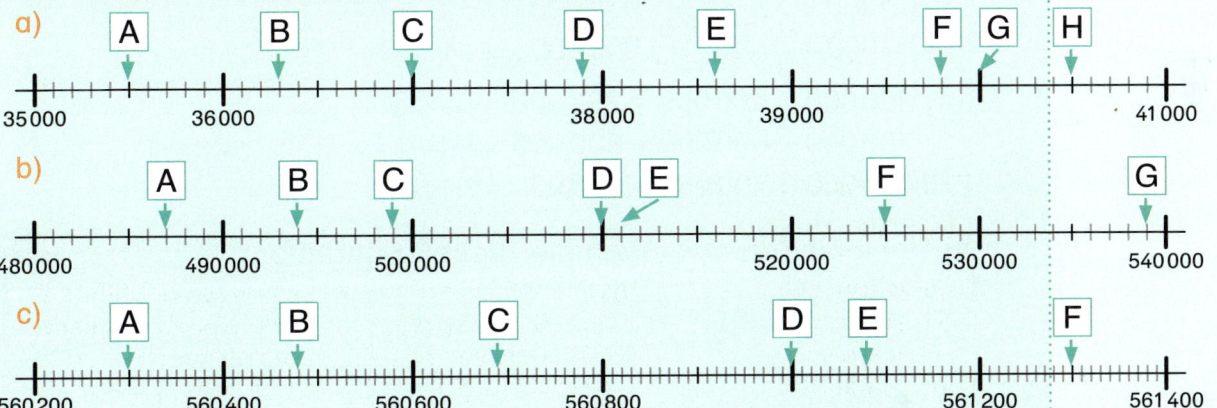

a) A   B   C   D   E   F G H
35 000   36 000   38 000   39 000   41 000

b) A   B   C   D E   F   G
480 000   490 000   500 000   520 000   530 000   540 000

c) A   B   C   D E   F
560 200   560 400   560 600   560 800   561 200   561 400

5 Schreibe die Zahlen. Manchmal musst du vorher wechseln.

a) 3HT 7ZT 9T 4H 1Z 6E
b) 4T 3HT 2ZT 2E 9Z
c) 6ZT 5T 9HT 4E 5H
d) 4HT 8ZT 13T 8H 2Z 7E
e) 2HT 17ZT 8T 25H 5Z 4E
f) 27ZT 16T 7H 13E

Alles fertig? Überprüfe mit Seite 44.

6 Ergänze die Vorgänger (VG) und Nachfolger (NF).

VG-ZT	VG-T	VG-H	VG-E	Zahl	NF-E	NF-H	NF-T	NF-ZT
				43 579				
				304 718				
				60 928				
				190 879				

7 Ordne die Zahlen. Beginne mit der kleinsten Zahl.

| 34 597 | 3 475 | 345 957 | 359 | 345 597 | 34 975 |

| 435 975 | 54 397 | 753 957 | 354 975 | 34 579 | 4 397 |

AH Seite 23   **43**

Mit diesen Aufgaben kannst du üben:

1 Luisa hat 64 Murmeln. Marie hat 3-mal so viele. Lena hat halb so viele Murmeln wie Marie. Anna hat so viele Murmeln wie Luisa und Lena zusammen.

a) F: Wie viele Murmeln haben Marie, Lena und Anna jeweils?

R: Marie: $3 \cdot 64 = 192$; Lena: $192 : 2 = 96$; Anna: $64 + 96 = 160$

A: Marie hat 192 Murmeln, Lena hat 96 Murmeln und Anna hat 160 Murmeln.

b) Die Kinder wollen die Murmeln gerecht untereinander aufteilen.

F: Wie viele Murmeln bekommt jedes Kind?

R: $64 + 192 + 96 + 160 = 512$ $512 : 4 = 128$

A: 128 Murmeln bekommt jedes Kind.

→ S. 28/1, 2

2 Schreibe auf und ergänze.

1M = 10 HT   1M = 100 ZT   1M = 1000 T

1M = 10 000 H   1M = 100 000 Z   1M = 1 000 000 E

→ S. 32/Randspalte

3 Rechne mit großen Zahlen. Denke an den Trick.

a) $300\,000 + 500\,000 = 800\,000$ 3HT + 5HT = 8HT

$700\,000 + 200\,000 = 900\,000$ 7HT + 2HT = 9HT

$400\,000 + 600\,000 = 1\,000\,000$ 4HT + 6HT = 10HT

b) $200\,000 + 400\,000 + 300\,000 = 900\,000$ 2HT + 4HT + 3HT = 9HT

$700\,000 - 600\,000 + 500\,000 = 600\,000$ 7HT – 6HT + 5HT = 6HT

$1\,000\,000 - 700\,000 + 400\,000 = 700\,000$ 10 HT – 7HT + 4HT = 7HT

→ S. 37/7, 8

4 Auf welche Zahlen zeigen die Pfeile? Schreibe.

a) A: 35 500   B: 36 300   C: 37 000   D: 37 900

E: 38 600   F: 39 800   G: 40 000   H: 40 500

b) A: 487 000   B: 494 000   C: 499 000   D: 510 000

E: 511 000   F: 525 000   G: 539 000

c) A: 560 300   B: 560 480   C: 560 690   D: 561 000

E: 561 080   F: 561 300

→ S. 40/41

5 Schreibe die Zahlen. Manchmal musst du vorher wechseln.

a) 379 416   b) 324 092

c) 965 504   d) 493 827

e) 380 554   f) 286 713

→ S. 33/7, 8
S. 35/4, 5

6 Ergänze die Vorgänger (VG) und Nachfolger (NF).

VG-ZT	VG-T	VG-H	VG-E	Zahl	NF-E	NF-H	NF-T	NF-ZT
40 000	43 000	43 500	43 578	43 579	43 580	43 600	44 000	50 000
300 000	304 000	304 700	304 717	304 718	304 719	304 800	305 000	310 000
60 000	60 000	60 900	60 927	60 928	60 929	61 000	61 000	70 000
190 000	190 000	190 800	190 878	190 879	190 880	190 900	191 000	200 000

→ S. 40/41

7 Ordne die Zahlen. Beginne mit der kleinsten Zahl.

359, 3 475, 4 397, 34 579, 34 597, 34 975, 54 397, 345 597, 345 957, 354 975, 435 975, 753 957

→ S. 38/4, 6

1 ICH + DU + WIR ▷ Untersucht die Aufgaben. Was fällt euch auf?

kleine Aufgabe   2 9 4 + 3 =   2 9 7

große Aufgabe   1 0 0 2 9 4 + 3 = 1 0 0 2 9 7

| 123 – 18 = ☐ | 897 + 73 = ☐ | 715 – 202 = ☐ |
| 4 123 – 18 = ☐ | 20 897 + 73 = ☐ | 7 715 – 202 = ☐ |

Untersuche jeweils die 1. Zahl, die 2. Zahl und das Ergebnis.

2 Schöne Türme! Rechne zu jedem Turm 5 weitere Aufgaben.
Notiere deine Entdeckungen.

a)
294	+	3
100 294	+	3
200 294	+	3
...	+	...

b)
240	–	18
25 240	–	18
50 240	–	18
...	–	...

c)
409	+	299
9 409	+	299
18 409	+	299
...	+	...

3 Finde die kleine Aufgabe und rechne beide.

a)	b)	c)	d)
3 476 + 7	34 763 – 59	6 243 + 609	45 812 – 738
8 154 – 8	18 325 + 66	7 826 – 328	63 509 + 265
52 497 + 8	999 901 – 92	80 377 + 457	118 735 – 537
21 681 – 4	407 198 + 33	15 410 – 276	874 264 + 157

| 3 476 + 7 = ☐ |
| 476 + 7 = ☐ |

Erfinde und rechne ähnliche Aufgaben.

4 ICH + DU + WIR ▷ Untersucht die Aufgaben. Was fällt euch auf?

kleine Aufgabe   4 1 3 +   2 8 =   4 4 1

große Aufgabe   4 1 3 0 0 0 + 2 8 0 0 0 = 4 4 1 0 0 0

5 Finde die kleine Aufgabe und rechne beide.

a)	b)	c)
63 000 – 8 000	230 000 + 147 000	151 000 – 76 000
48 000 + 5 000	590 000 – 261 000	27 000 + 888 000
74 000 – 29 000	123 000 + 89 000	745 000 – 349 000
35 000 + 57 000	874 000 – 96 000	424 000 + 576 000

| 63 000 – 8 000 = ☐ |
| 63 – 8 = ☐ |

6 Wie rechnest du hier? Erkläre deinem Partnerkind den Trick.

a)	b)	c)	d)
64 000 : 8	240 000 : 2	26 000 · 3	120 000 · 7
54 000 : 6	560 000 : 4	18 000 · 4	230 000 · 3
21 000 : 7	655 000 : 5	51 000 · 2	147 000 · 6
30 000 : 5	346 000 : 2	12 000 · 10	219 000 · 4

Ich rechne zuerst die kleine Aufgabe.

7 Zahlenrätsel!

| a) Meine Zahl ist die Hälfte von 500 000. | b) Meine Zahl ist der dritte Teil von 9 000. | c) Meine Zahl ist das Doppelte von 150 000. | d) Meine Zahl ist das Fünffache von 20 000. |

Rechentrick:
Die kleine
Aufgabe hilft!

Kannst du erklären, warum 2 662 eine ANNA-Zahl ist?

ANNA
2662

1 ANNA-Zahlen! Rechne. Was stellst du fest? Besprich dich mit deinem Partnerkind. Ergänze die fehlenden Ziffern.

a) 2 6 6 2   b)   1 4 4 1   c)   5 2 2 5   d)   3 1 1 3   e)   ❈❈❈❈
   + 6 2 2 6   + 4 1 1 4   + 2 5 5 2   + ❈❈❈❈   + 7 2 2 7

2 Rechne und ergänze wie in Aufgabe 1. Was entdeckst du hier?

a) 8 4 4 8   b)   7 5 5 7   c)   3 8 8 3   d)   6 5 5 6   e)   ❈❈❈❈
   + 4 8 8 4   + 5 7 7 5   + 8 3 3 8   + ❈❈❈❈   + 3 7 7 3

3 Erfinde und rechne selbst Additionsaufgaben mit ANNA-Zahlen.

4 NANA-Zahlen! Rechne. Was stellst du fest? Besprich dich mit deinem Partnerkind. Ergänze die fehlenden Ziffern.

a) 2 6 2 6   b)   3 5 3 5   c)   4 5 4 5   d)   7 2 7 2   e)   ❈❈❈❈
   + 6 2 6 2   + 5 3 5 3   + 5 4 5 4   + ❈❈❈❈   + 2 5 2 5

5 Rechne und ergänze wie in Aufgabe 4. Was entdeckst du hier?

a) 7 4 7 4   b)   5 6 5 6   c)   8 4 8 4   d)   7 5 7 5   e)   ❈❈❈❈
   + 4 7 4 7   + 6 5 6 5   + 4 8 4 8   + ❈❈❈❈   + 9 4 9 4

6 Erfinde und rechne selbst Additionsaufgaben mit NANA-Zahlen.

7 Überprüfe. Stimmen deine Entdeckungen auch hier?

a)   71 117   b)   53 335   c)   63 336   d)   85 558   e)   92 229
   + 17 771   + 35 553   + 36 663   + 58 885   + 29 992

f)   61 616   g)   43 434   h)   72 727   i)   82 828   j)   93 939
   + 16 161   + 34 343   + 27 272   + 28 282   + 39 393

→ S. 135

Erfinde ähnliche Aufgaben.

8 Rechne und bilde bei den Ergebnissen die Prüfzahl. Was stellst du fest? Besprich dich mit deinem Partnerkind.

a)   10 485   b)   24 680   c)   39 625   d)   67 234   e)   10 562
   + 10 836   + 15 379   + 78 140   + 92 435   + 89 437

Erfinde ähnliche Aufgabenpaare.

9 Rechne und betrachte die Ergebnisse. Was fällt dir auf?

a) 45 821 + 954 179   b) 166 303 + 83 697   c)   8 788 + 53 712
   128 965 + 371 035   99 415 + 25 585   28 633 + 2 617

Arithmetische Muster und deren Gesetzmäßigkeit beschreiben

1 ANNA-Zahlen! Rechne. Was stellst du fest? Besprich dich mit deinem Partnerkind. Finde jeweils drei weitere Aufgaben.

a)
```
  2 1 1 2      3 2 2 3      4 3 3 4
- 1 2 2 1    - 2 3 3 2    - 3 4 4 3    ...    ...    ...
```

b)
```
  3 1 1 3      4 2 2 4      5 3 3 5
- 1 3 3 1    - 2 4 4 2    - 3 5 5 3    ...    ...    ...
```

c)
```
  4 1 1 4      5 2 2 5      6 3 3 6
- 1 4 4 1    - 2 5 5 2    - 3 6 6 3    ...    ...    ...
```

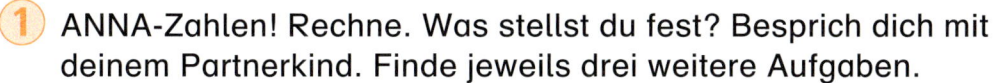

Rechne auch die Aufgabenreihen zu:
- 5 115 − 1 551
- 6 116 − 1 661
- ...

2 NANA-Zahlen! Rechne. Was stellst du fest? Besprich dich mit deinem Partnerkind. Ergänze die fehlenden Ziffern.

a)
```
  6 3 6 3
- 3 6 3 6
```
b)
```
  9 2 9 2
- 2 9 2 9
```
c)
```
  4 2 4 2
- 2 4 2 4
```
d)
```
  8 4 8 4
- ✿✿✿✿
```
e)
```
  ✿✿✿✿
- 2 7 2 7
```

Bilde bei den Ergebnissen die Prüfzahl. Was stellst du fest?

3 Erfinde und rechne selbst Subtraktionsaufgaben mit NANA-Zahlen.

4 Überprüfe. Stimmen deine Entdeckungen auch hier?

a)
```
  53 335
- 35 553
```
b)
```
  63 336
- 36 663
```
c)
```
  85 558
- 58 885
```
d)
```
  71 117
- 17 771
```
e)
```
  92 229
- 29 992
```

f)
```
  43 434
- 34 343
```
g)
```
  61 616
- 16 161
```
h)
```
  72 727
- 27 272
```
i)
```
  82 828
- 28 282
```
j)
```
  93 939
- 39 393
```

5 Rechne und bilde bei den Ergebnissen die Prüfzahl. Was entdeckst du? Finde jeweils drei weitere Aufgaben.

a)
```
  21 112      32 223      43 334
- 12 121    - 23 232    - 34 343    ...    ...    ...
```

b)
```
  31 113      42 224      53 335
- 13 131    - 24 242    - 35 353    ...    ...    ...
```

c)
```
  41 114      52 225      63 336
- 14 141    - 25 252    - 36 363    ...    ...    ...
```

Rechne auch die Aufgabenreihen zu:
- 51 115 − 15 151
- 61 116 − 16 161
- ...

Erfinde eine ähnliche Aufgabenkette für „Unser Mathebuch".

6 Rechne immer mit dem Ergebnis weiter.

```
  1 000 000  →  ✿✿✿✿✿✿  →  ✿✿✿✿✿✿  →  ✿✿✿✿✿  →  ✿✿✿✿✿
-   263 984    -391 948    -286 471    -36 421    -21 156
  ✿✿✿✿✿✿        ✿✿✿✿✿✿       ✿✿✿✿✿       ✿✿✿✿✿        ✿✿
```

Arithmetische Muster und deren Gesetzmäßigkeit beschreiben

Ich rechne die kleine Aufgabe! 32T + 9T

1 Rechne im Kopf. Denke an den Trick.

a)
32 000 + 9 000
59 000 + 30 000
659 000 + 14 000
224 000 + 8 000

b)
400 000 + 20 000
71 000 + 11 000
203 000 + 7 000
999 000 + 1 000

c)
84 000 − 28 000
100 000 − 30 000
869 000 − 14 000
731 000 − 3 000

d)
132 000 − 7 000
454 000 − 6 000
901 000 − 25 000
95 000 − 8 000

2 Bilde Aufgabentreppen und rechne.

a)
143 000 + 500
143 000 + 5 000
143 000 + 50 000
143 000 + 500 000

b) 84 000 + 600
…

d) 491 200 + 300
…

c) 12 500 + 400
…

e) 9 800 + 200
…

f)
456 565 − 5
456 565 − 50
456 565 − 500
456 565 − 5 000
456 565 − 50 000

g) 67 899 − 4
…

i) 448 435 − 3
…

h) 678 798 − 7
…

j) 91 362 − 6
…

Erfinde eigene Aufgabentreppen mit ⊕ und ⊖ .

3 Übertrage die Tabellen in dein Heft und ergänze.

10 300 + 300 = ☐
10 300 + 60 = ☐

a)

+	300	60
10 300		
	2 800	
19 200		
		14 460
	9 600	
		3 160

b)

+	10 000	5 000
10 600		
21 700		
	10 500	
	55 000	
		20 000
		32 100

c)

−	500	50
1 750		
	28 000	
444 600		
		18 640
	19 600	
		5 370

d)

−	10 000	5 000
13 000		
	222 800	
44 000		
		93 000
	99 900	
		118 200

4 Achte auf das Rechenzeichen. Denke an den Trick.

a)
784 000 + 68 000 − 135 000
458 000 − 225 000 + 59 000
396 000 + 28 000 − 16 000

b)
642 000 − 331 000 + 499 000
583 000 + 38 000 − 254 000
944 000 − 441 000 + 98 000

Zum Knobeln

99 000
10 000   39 000
22 000

5 Schöne Türme! Rechne zu jedem Turm 5 weitere Aufgaben.
Notiere deine Entdeckungen.

a)

998 908	−	90
998 908	−	80
998 908	−	70
...	−	...

b)

129 605	+	100
129 605	+	200
129 605	+	300
...	+	...

c)

852 344	−	3 000
852 344	−	4 000
852 344	−	5 000
...	−	...

6 Am letzten Wochenende wollten 20 500 Besucher die
Eisbärbabys im Zoo sehen. An diesem Wochenende waren es
2 000 Besucher weniger.
F: Wie viele Besucher waren an diesem Wochenende im Zoo?

7 Im letzten Jahr besuchten 436 000 Menschen das
Königsschloss Linderhof. In diesem Jahr waren es 15 000
Besucher mehr.
F: Wie viele Besucher besuchten dieses Jahr das Schloss?

Erfinde eine
eigene Rechen-
geschichte.

8 Wie heißt meine Zahl?
a) Bilde aus den Ziffern am Rand die größte 6-stellige Zahl und
subtrahiere die kleinste 6-stellige Zahl, die du aus diesen
Ziffern bilden kannst. PZ: 27
b) Bilde aus den Ziffern am Rand die kleinste 5-stellige Zahl
und addiere die größte 5-stellige Zahl, die du aus diesen
Ziffern bilden kannst. PZ: 20
c) Bilde nur mit der Ziffer 6 eine 5-stellige Zahl und addiere
933 334. PZ: 1
d) Subtrahiere von 333 333 eine 5-stellige Zahl, die nur aus der
Ziffer 7 gebildet wird. PZ: 28

*Verwende für jede
Zahl jede Ziffer
nur einmal.*

9

*Wenn ich zu meiner
Zahl 3 800 addiere,
erhalte ich 15 900.*

*Meine Zahl ist
die Differenz aus
781 500 und
51 000.*

*Meine Zahl ist die
Summe aus 84 600
und 5 400.*

*Wenn ich von
meiner Zahl 9 300
subtrahiere, erhalte
ich 98 250.*

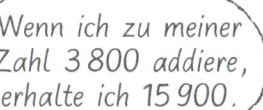

→ S. 134, 136

Erfinde
ähnliche
Zahlenrätsel
für „Unser
Mathebuch".

🕐 Seite 21, Aufgabe 11   Halbschriftlich multiplizieren

①

$3 \cdot 5 =$ ☐
$3 \cdot 50 =$ ☐
$3 \cdot 500 =$ ☐
$3 \cdot 5\,000 =$ ☐
$3 \cdot 50\,000 =$ ☐

ICH + DU + WIR Rechnet.
Was fällt euch auf? Erklärt.

② Bilde Aufgabentreppen wie in Aufgabe 1 und rechne.

a) $4 \cdot 9$ b) $6 \cdot 3$ c) $7 \cdot 5$ d) $8 \cdot 9$ e) $3 \cdot 7$
...   .

Erfinde eigene Aufgabentreppen.

③

a) **· 60**

4	☐
6	☐
9	☐
7	☐
2	☐

b) **· 60**

40	☐
60	☐
90	☐
70	☐
20	☐

c) **· 600**

4	☐
6	☐
9	☐
7	☐
2	☐

d) **· 600**

40	☐
60	☐
90	☐
70	☐
20	☐

e) **· 600**

400	☐
600	☐
900	☐
700	☐
200	☐

$4 \cdot 60 =$ ☐

Bilde solche Türme auch für:
- · 70 / · 700
- · 80 / · 800
- · 90 / · 900

④ a) **ICH + DU + WIR** $1\,356 \cdot 5 =$ ☐ Wie rechnest du? Wie rechnen andere? Erklärt euch eure Tricks.

b) So rechnet Armin. Erkläre.

$1\,356 \cdot 5 =$ ☐
─────────────
$1\,000 \cdot 5 =$ ☐
$300 \cdot 5 =$ ☐
$50 \cdot 5 =$ ☐
$6 \cdot 5 =$ ☐

Ich multipliziere halbschriftlich und zerlege die Aufgabe. Einfache Aufgaben rechne ich im Kopf, Zwischenergebnisse schreibe ich auf, dann addiere ich.

⑤ Finde zu diesen Zerlegungen die Aufgabe.
Multipliziere halbschriftlich.

a) $2\,000 \cdot 6$
$400 \cdot 6$
$20 \cdot 6$
$4 \cdot 6$

b) $80\,000 \cdot 5$
$4\,000 \cdot 5$
$200 \cdot 5$
$40 \cdot 5$
$8 \cdot 5$

c) $100\,000 \cdot 3$
$20\,000 \cdot 3$
$3\,000 \cdot 3$
$400 \cdot 3$
$6 \cdot 3$

 **Schreibe ähnliche Zerlegungen für „Unser Mathebuch".**

⑥

Meine Zahl ist das 50-fache von 80.

Wenn ich 600 mit 200 multipliziere, erhalte ich meine Zahl.

| 2 | 3 | 6 | 7 | 8 |

Bilde aus den Ziffern viele ⊙ Aufgaben. Rechne auf deinem Weg.

Kenntnisse zu den Zahlensätzen des kleinen Einmaleins in größere Zahlenräume übertragen

Im Kino

Preise:	Mo	Di	Mi	Do	Fr	Sa	So/Feiertage
Erwachsene	7,00 €	6,00 €	7,00 €	8,00 €			
Schüler und Studenten	6,00 €			7,00 €			
Kinder (unter 12 J.)	5,00 €	4,50 €	5,00 €				

Zuschläge für Logenplätze: 1,50 €

1 Leila, Lukas, Sara und Jakob wollen am Sonntag ins Kino gehen.
a) F: Wie viel kostet der Kinobesuch für die Kinder insgesamt?
b) F: Wie viele Euro müssen Sie mehr bezahlen, wenn sie Logenplätze möchten?

2 Der Film läuft im Kinosaal 1.

a) F: Wie viele Sitzplätze gibt es insgesamt?
b) Die hinteren fünf Reihen sind Logenplätze.
F: Wie viele Logenplätze sind es?
c) Die Vorstellung am Sonntag ist ausverkauft. Die Hälfte der Karten wurde an Schüler und Studenten verkauft, ein Viertel an Erwachsene und der Rest an Kinder unter 12 Jahren.
F: Wie viel Geld hat das Kino durch die Kartenverkäufe eingenommen? Denke auch an die Logenplätze.
d) Insgesamt hat das Kino drei gleich große Säle.
F: Wie viel Geld kann das Kino **maximal** einnehmen, wenn am Sonntag in jedem Saal eine Vorführung ist?

3 Suche im Internet nach Informationen zu deinem Lieblingskino und erfinde eine eigene Rechengeschichte für „Unser Mathebuch".

ICH + DU
Überlege dir eine eigene Rechengeschichte zu der Preistabelle. Dein Partnerkind löst sie.

Plane einen Kinobesuch für deine Familie.
• Welchen Film möchtest du anschauen?
• In welchem Kino läuft der Film?
• Wie viele Personen kommen mit?
• Was isst und trinkt jeder im Kino?
• Was kostet das Ticket für jeden?
• Was kostet der Kinobesuch insgesamt?

Maximal bedeutet höchstens. Ich rechne mit den größtmöglichen Beträgen.

Große Zahlen dividieren

⏱ Seite 23, Aufgabe 9   Halbschriftlich dividieren

①

24 : 3 =	
240 : 3 =	
2 400 : 3 =	
24 000 : 3 =	
240 000 : 3 =	

ICH + DU + WIR Rechnet.
Was fällt euch auf? Erklärt.

Erfinde eigene Aufgabentreppen.

② Bilde Aufgabentreppen wie in Aufgabe 1 und rechne.

a) 42 : 6   b) 81 : 9   c) 48 : 8   d) 35 : 7   e) 56 : 8
…   …   …   …   …

$300 : 6 =$ ☐

③

a)	: 6		b)	: 8		c)	: 7		d)	: 9	
	300	☐		3 200	☐		35 000	☐		450 000	☐
	240	☐		6 400	☐		21 000	☐		810 000	☐
	540	☐		1 600	☐		63 000	☐		270 000	☐
	420	☐		5 600	☐		28 000	☐		720 000	☐
	480	☐		4 000	☐		49 000	☐		360 000	☐

---

④ a) ICH + DU + WIR 86 416 : 8 = ☐ Wie rechnest du?
    Wie rechnen andere? Erklärt euch eure Tricks.
  b) So rechnet Leila. Erkläre.

86 416 : 8 = ☐
80 000 : 8 = ☐
6 400 : 8 = ☐
16 : 8 = ☐

Ich dividiere halbschriftlich und zerlege die Aufgabe. Einfache Aufgaben rechne ich im Kopf, Zwischenergebnisse schreibe ich auf, dann addiere ich.

📓 *Schreibe ähnliche Zerlegungen für „Unser Mathebuch".*

⑤ Finde zu diesen Zerlegungen die Aufgabe.
Dividiere halbschriftlich.

a) 6 000 : 3   b) 14 000 : 7   c) 800 000 : 4
   900 : 3   420 : 7   40 000 : 4
    27 : 3   7 : 7   1 600 : 4
                                              32 : 4

Dividiere die Zahlen
• *42 112*
• *95 168*
• *164 096*
jeweils durch 2, 4 und 8. Rechne auf deinem Weg.

⑥

Das 7-fache meiner Zahl ist 560 000.

Wenn ich 48 000 durch 8 dividiere, erhalte ich meine Zahl.

Kenntnisse zu den Zahlensätzen des kleinen Einmaleins sowie deren Umkehrungen in größere Zahlenräume übertragen

Sachaufgaben zum Dividieren

Im Tiergarten

1 Der Tiergarten Straubing vergibt Tierpatenschaften. Im Tiergarten gibt es 10 Lisztäffchen. Für jedes Äffchen gibt es einen Paten, der Geld für dieses Tier spendet. Von den Spenden wird unter anderem Futter für das Tier gekauft. In diesem Jahr bekommt der Tiergarten 1 500 € für seine Lisztäffchen.
F: Wie viel kostet eine Tierpatenschaft für ein Lisztäffchen im Jahr?

Forsche im Internet oder im Lexikon nach:
• Was fressen die Tiere?
• Wie viel kostet das ungefähr?

2 Für die fünf Raubkatzen bekommt der Tiergarten im Jahr 5 000 €, das ist mehr als dreimal so viel wie für die 10 Lisztäffchen.
a) F: Wie viel kostet die Patenschaft für eine Raubkatze?
b) **ICH + DU + WIR** Kann das sein? Woran kann das liegen? Begründet.

Benjamin bekommt von seinen Großeltern die Patenschaft für eine Zwergziege geschenkt. Pro Jahr kostet das 60 €. Wie viel kostet die Patenschaft für 2 (3, 4, 5, …, 10) Jahre? Erstelle eine Tabelle.

3 Der Tiergarten hat ein Kamerunschaf, ein Schwarzkopfschaf, zwei Coburger Fuchsschafe und doppelt so viele Zackelschafe wie Fuchsschafe. Für jedes der Schafe gibt es einen Paten. Insgesamt bekommt der Zoo für seine Schafe im Jahr 600 €.
a) F: Wie viel kostet die Tierpatenschaft für ein Schaf?
b) Vergleiche dein Ergebnis mit dem Ergebnis von Aufgabe 1. Was fällt dir auf? Erkläre.

4 Die Patenschaft für ein Faultier kostet 200 €. Der Tiergarten hat in diesem Jahr insgesamt 2 600 € von den Paten dieser Tiere bekommen.
F: Wie viele Faultiere haben einen Paten?

5 Hier siehst du einen Ausschnitt aus der Preisliste für Tierpatenschaften. Erfinde dazu eine eigene Rechengeschichte.

Für welches Tier würdest du gerne Pate sein?

Preisliste Tierpatenschaften

Säugetiere		Vögel	
Erdmännchen	130 €	Brautente	55 €
Zebra	250 €	Edelpapagei	75 €
Fischotter	500 €	Brillenpinguin	150 €
Braunbär	800 €	Strauß	200 €
Schimpanse	1 000 €	**Reptilien**	
Fische		Chamäleon	75 €
Karpfen	60 €	Leguan	150 €
Wels	100 €	Tigerpython	250 €

1 Andi, Luis, Leila und Sara spielen das Millionen-Spiel. Jeder hat am Anfang 1 Million zur Verfügung, die er ausgeben darf.

Du hast 1 Million. Welche Gegenstände würdest du dir kaufen?

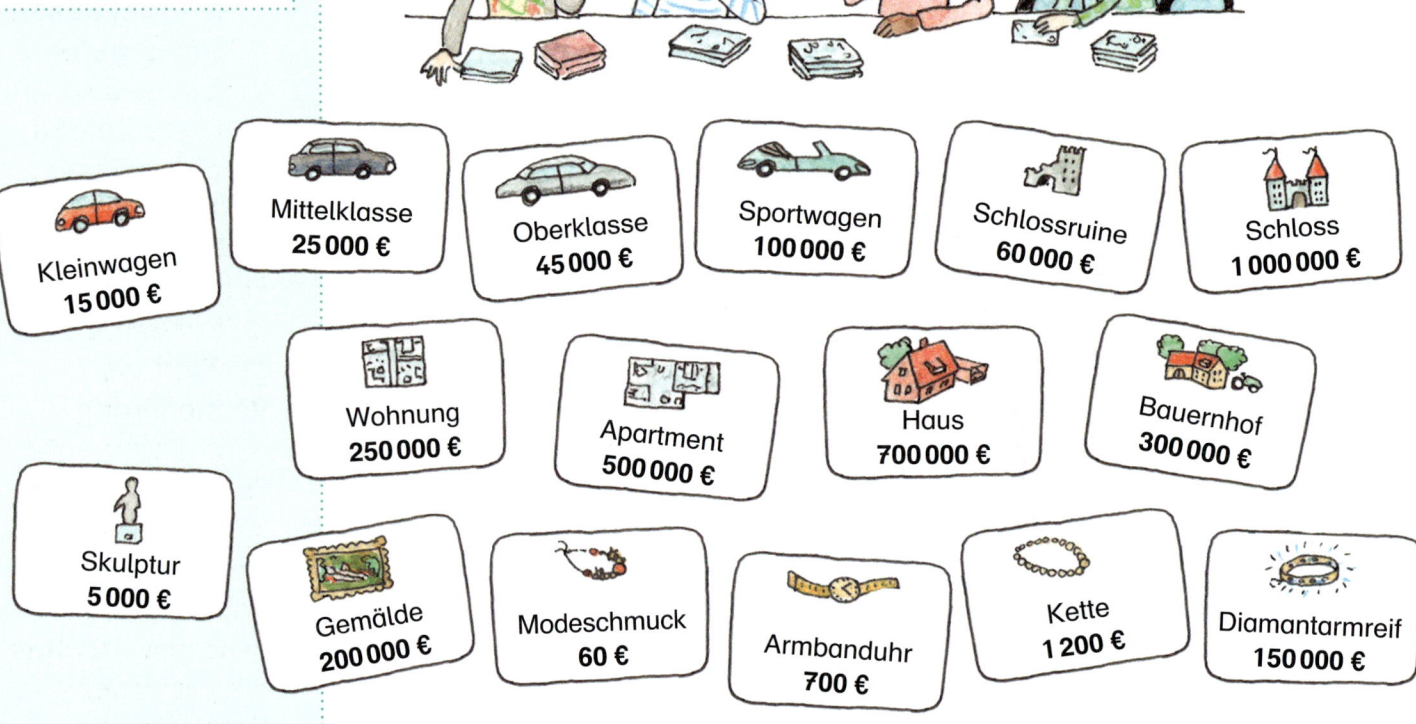

Kleinwagen
15 000 €

Mittelklasse
25 000 €

Oberklasse
45 000 €

Sportwagen
100 000 €

Schlossruine
60 000 €

Schloss
1 000 000 €

Wohnung
250 000 €

Apartment
500 000 €

Haus
700 000 €

Bauernhof
300 000 €

Skulptur
5 000 €

Gemälde
200 000 €

Modeschmuck
60 €

Armbanduhr
700 €

Kette
1 200 €

Diamantarmreif
150 000 €

a) Andi hat nur noch 35 000 €. Er möchte gerne ein Gemälde haben und verkauft daher sein Apartment für 500 000 €.
   F1: Wie viele Euro hat er nach dem Verkauf?
   F2: Wie viele Euro hat er noch, wenn er sich das Gemälde kauft?

b) Leila hat noch 275 000 €. Sie kauft sich Modeschmuck und einen Oberklassewagen.
   F1: Wie viele Euro hat Leila nach dem Einkauf noch übrig?
   Leila kauft noch einen weiteren Gegenstand. Danach hat sie noch 169 940 € übrig.
   F2: Was hat Leila noch gekauft?

c) Luis hat noch 620 000 €. Er schenkt Leila 100 000 €, damit sie sich noch die Wohnung leisten kann.
   F1: Wie viele Euro hat Luis jetzt noch?
   F2: Wie viele Euro hat Leila vor und nach dem Kauf der Wohnung?

d) Luis kauft sich von seinem übrigen Geld einen Sportwagen und den Diamantarmreif.
   F: Kann er sich noch das Apartment kaufen? Wenn nein, wie viele Euro fehlen ihm noch?

ICH + DU Erfinde weitere Aufgaben zum Millionen-Spiel. Dein Partnerkind löst sie.

2 Sara hat noch 430 000 €. Was kann sie sich kaufen?

Informationen zu Größen aus verschiedenen Quellen entnehmen; Sachsituationen mit Größen lösen

1 Die Eltern von Tino, Marc und Elli wollen sich ein neues Auto kaufen. Die Eltern informieren sich im Internet. Das Auto, das sie gerne hätten, gibt es in drei verschiedenen Ausstattungen:

Trendy	Komfort	Luxus
30 925 €	32 875 €	35 000 €

a) F: Wie hoch ist der Preisunterschied zwischen den einzelnen Modellen?

b) Die Eltern haben 30 000 € für ein neues Auto gespart.
   F: Wie viele Euro fehlen ihnen jeweils noch?

2 Die Eltern entscheiden sich für das günstigste Grundmodell mit fünf Sitzen. Da aber auch die Freunde der Kinder im Auto Platz haben sollen, möchten sie zwei weitere Sitze für 1 630 € dazu bestellen. Zudem möchte die Mutter für den vierjährigen Tino unbedingt einen Kindersitz für 255 €. Marc und Elli finden ein fest installiertes Navigationsgerät für 730 € und einen Parkassistenten für 890 € gut. Der Vater möchte auf jeden Fall auch noch einen 4er-Pack Winterreifen für 690 €.

a) Erstelle eine übersichtliche Liste für das Auto mit der Wunschausstattung der Familie.

b) F: Wie viele Euro kostet das Auto mit der Zusatzausstattung?

c) Zum Schluss muss sich die Familie noch auf eine Farbe einigen.
   F: Wie viele Euro kostet das Auto in den jeweiligen Farben?

Die Autoversicherung kostet jährlich 752 €. Die Familie möchte das Auto mindestens acht Jahre lang fahren.
a) F: Wie viele Euro müssen sie in dieser Zeit für die Versicherung bezahlen?
b) Fährt die Familie in dieser Zeit unfallfrei, gewährt die Versicherung nach jedem Jahr einen Rabatt von 33 € auf den aktuellen Versicherungsbeitrag. Berechne die jährlichen Versicherungskosten.
F: Wie viele Euro kann die Familie sparen?

Preisliste Farben
Grau: ohne Aufpreis
Weiß: 150 €
Schwarz: 655 €
Blau: 775 €
Rot: 2025 €

d) **ICH + DU + WIR** Das Auto soll höchstens 35 000 € kosten. Wo kann die Familie sparen? Überlegt euch Tipps. Berechnet unterschiedliche Möglichkeiten. Vergleicht eure Lösungen.

Oh je! Das Auto ist jetzt viel teurer geworden, als geplant.

3 **ICH + DU** Forsche im Internet nach und stelle dein eigenes Traumauto zusammen. Was kostet es? Vergleiche mit deinem Partnerkind.

Achte beim Runden immer auf den nächstkleineren Stellenwert.

Ich male einen Punkt unter die Ziffer, auf die ich beim Runden achten muss.

⏱ Seite 11, Aufgaben 1 und 2   Runden auf Z und H

1 Welche Rundungsregel entdeckst du? Erkläre.

a) 2111 2253 2347 2469 ←   2532 2678 2754 2889 2910 →

2000   3000

Ich runde auf Tausender, ich achte auf die …

b) 21119 22531 23474 24693 ←   25321 26786 27549 28893 29109 →

20000   30000

Ich runde auf Zehntausender, ich achte auf die …

c) 211193 225317 234749 246930 ←   253218 267862 275491 288930 291094 →

200000   300000

Ich runde auf Hunderttausender, ich achte auf die …

2 Runde auf oder ab.

a) Runde auf volle Tausender.

3425, 5140, 6789, 5551, 7040, 8677, 2284, 9308, 1924

b) Runde auf volle Zehntausender.

14582, 28301, 75001, 61998, 43650, 20999, 52798, 33333, 91522, 47425, 65894, 11026, 64862, 29175

c) Runde auf volle Hunderttausender.

224831, 584528, 386425, 188901, 341564, 613409, 671002, 192134, 145063, 795028, 841903, 151211

3425 ≈ 3000

14582 ≈ 10000

224831 ≈ 200000

ICH + DU Nenne eine Zahl und den Stellenwert, auf den gerundet werden soll. Dein Partnerkind rundet auf oder ab.

278489
≈ auf Z: 278490
≈ auf H: 278500
…

3 Wie wurde hier gerundet? Begründe.

a) 154687 ≈ 150000   b) 154687 ≈ 154700   c) 154687 ≈ 200000

d) 154687 ≈ 154690   e) 154687 ≈ 155000

4 Runde die Zahlen auf Z, H, T, ZT und HT.

a) 278489   b) 604092   c) 182032   d) 495718   e) 952813

5 Mit welchen vollen Eurobeträgen könnte hier gerundet worden sein? Finde jeweils die kleinste und die größte mögliche Zahl.

Runden
Achte auf die Stellenwerte!
≈ auf Z ⟶ E
≈ auf H ⟶ Z
≈ auf T ⟶ H
≈ auf ZT ⟶ T
≈ auf HT ⟶ ZT

 ≈ auf Z

 ≈ auf ZT

 ≈ auf H

 ≈ auf T

 ≈ auf HT

≈ auf Z	≈ auf ZT	≈ auf H	≈ auf T	≈ auf HT
Ich habe rund 50 € gespart.	Mein Papa verdient rund 40000 € im Jahr.	Meine Mama verdient rund 2500 € im Monat.	Wir zahlen rund 1000 € Miete.	Dieses Haus kostet rund 500000 €.

6 In Rechenberg gehen rund 1 800 Kinder in die Grundschule.
Welche Zahlen (5) kommen in Frage? Schreibe sie auf.

| 1 748 | 1 850 | 1 795 | 1 849 | 1 765 | 1 749 | 1 820 | 1 750 |

7 Runde. Achte auf die angegebene Stelle.

a) ≈ auf HT	b) ≈ auf ZT	c) ≈ auf T	d) ≈ auf H
374 920	729 685	475 555	428 512
801 510	856 432	334 618	772 304
541 289	432 911	798 201	340 566
932 721	251 258	800 904	998 898
655 890	388 419	66 325	32 475

8 Achtung, Fehler (6)!
Finde die falschen Ergebnisse nur durch Überschlagen.

$5219 + 3827 = 8046$ $3459 + 2163 + 4671 = 10293$
$7853 - 2921 = 4032$ $8653 - 1714 - 3392 = 3047$
$37115 + 42895 = 80010$ $14910 + 36428 + 53875 = 150213$
$66732 - 48103 = 18629$ $97266 - 41853 - 25417 = 29996$
$109352 + 351799 = 401151$ $283907 + 425683 + 147019 = 756609$
$816754 - 583526 = 233228$ $775833 - 159226 - 391460 = 225147$

> $5000 + 4000 = 9000$
> 8046 kann nicht stimmen.

 Erfinde ähnliche Fehleraufgaben für „Unser Mathebuch".

9 Runde. Male den Punkt unter die wichtige Ziffer.

a) ≈ auf volle Euro	b) ≈ auf Z-Euro	c) ≈ auf H-Euro
6 € 75 ct	25 € 36 ct	488 €
24,12 €	83,22 €	697,20 €
3 448 € 51 ct	109,14 €	301 € 4 ct
135,82 €	2 582 € 80 ct	85 € 40 ct
54 € 49 ct	512,98 €	2 421,96 €

> 6 € 75 ct ≈ 7 €

10 Runde …

a) … auf volle m	b) … auf volle m	c) … auf volle km
134,75 m	9 m 51 cm	3 km 991 m
8 421,38 m	10 m 9 cm	84 km 228 m
32,99 m	24 m 88 cm	481 km 560 m
428,10 m	2 m 22 cm	12 km 50 m
10 401,20 m	135 m 2 cm	932 km 84 m

> 134,75 m ≈ 135 m

11 Darf alles in den Schulranzen? Überschlage und begründe deine Meinung.

max. 3 kg

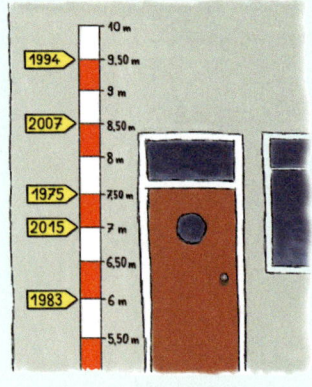

1 `ICH + DU + WIR` Was könnte hier passiert sein? Erzählt.

2 Hochwasser in Rechenberg!

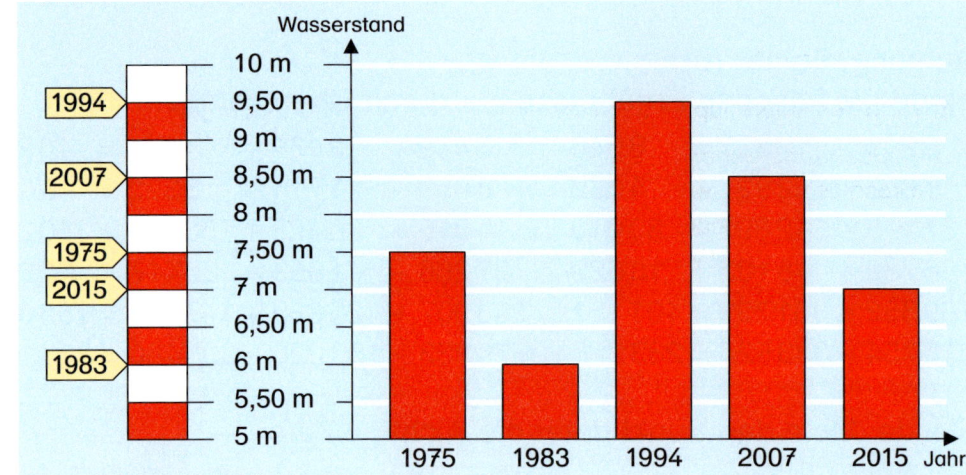

a) `ICH + DU + WIR` Was könnt ihr aus dem Schaubild ablesen? Wieso sind die Jahreszahlen bei den beiden Darstellungen unterschiedlich geordnet? Erklärt.

b) `ICH + DU` Finde Fragen zum Schaubild. Dein Partnerkind beantwortet sie.

| In welchem Jahr war ...? | ... am höchsten? | Wie hoch ...? |

c) Wie kannst du die Informationen aus dem Schaubild noch darstellen? Finde eine weitere Möglichkeit.

3 a) `ICH + DU + WIR` Sammelt Schaubilder und Diagramme aus eurer Umgebung und stellt sie in der Klasse vor. Was könnt ihr aus den Diagrammen ablesen? Erzählt.

b) Ordnet die Diagramme.

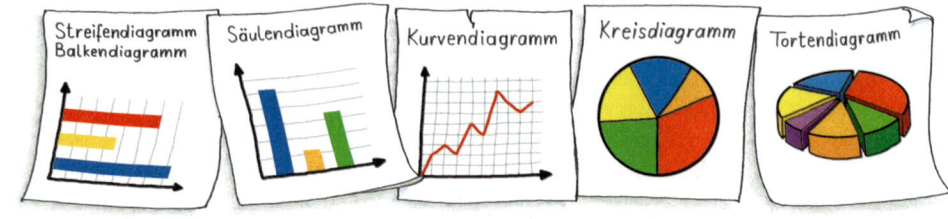

c) `ICH + DU` Finde Fragen zu den mitgebrachten Diagrammen. Dein Partnerkind beantwortet sie.

> Ein Schaubild nennt man auch Diagramm.

> Ich suche mit meiner Mama im Internet: Rekorde, Einwohner, Berge, Kinderarmut, Klimawandel, CO2, Preisanstieg, Sparen, Stromverbrauch, ...

Daten aus verschiedenen Quellen entnehmen und deren Bedeutung beschreiben

4 Die Kinder der Rechenbergschule haben diese Diagramme mitgebracht:

A

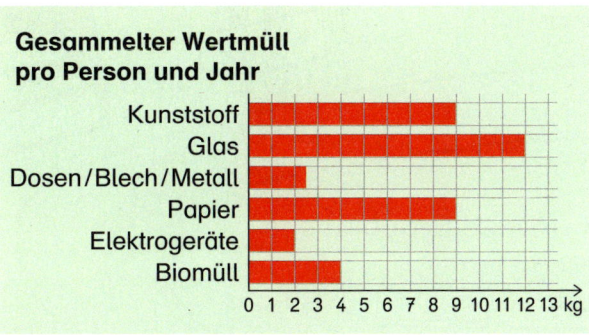

Gesammelter Wertmüll pro Person und Jahr

B

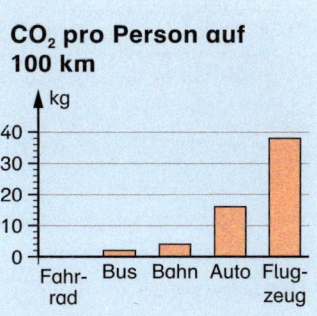

CO_2 pro Person auf 100 km

C

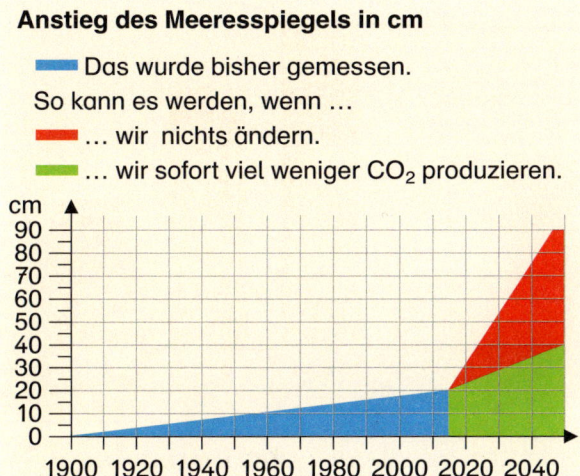

Anstieg des Meeresspiegels in cm

D

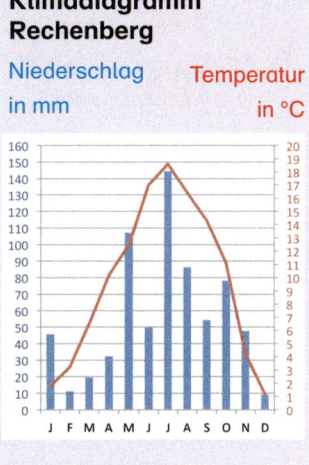

Klimadiagramm Rechenberg

a) **ICH + DU + WIR** Was könnt ihr aus den Diagrammen ablesen? Erzählt.

b) Schreibe Sätze ohne Zahlen zu den Diagrammen. Denke an Gegensätze wie: am meisten, am wenigsten, am größten, …

c) Finde Rechenfragen zu den Diagrammen.

> Wie viel kg mehr …? | Wie groß ist der Unterschied …?

d) **ICH + DU + WIR** Findet einen Zusammenhang zwischen Ursache und Wirkung in den Diagrammen B und C.
Beispiele:
Je mehr Menschen mit dem Flugzeug fliegen, desto mehr …
Je weniger Menschen mit dem Auto zur Arbeit fahren, desto weniger …

5 **ICH + DU + WIR** Aus den Diagrammen in Aufgabe 4 könnt ihr ablesen, dass wir etwas für unsere Umwelt tun müssen. Überlegt euch, wie ihr zum Umweltschutz beitragen könnt. Gestaltet ein Plakat.

CO_2 ist ein klimaschädliches Gas. Es führt dazu, dass die Erde sich erwärmt, die Gletscher schmelzen und die Ozeane steigen. Wir produzieren CO_2 zum Beispiel beim Autofahren.

Übertrage die Werte aus den Diagrammen jeweils in eine Tabelle. Runde die Werte bei Diagramm C sowie die Niederschlagswerte bei Diagramm D auf ganze Zehner auf oder ab.

Forscht nach:
• Wie viel Müll produzieren die Menschen in deiner Stadt?
• Wie hoch sind die monatlichen Temperaturen und Niederschlagswerte in deiner Stadt?

Bibus Mathe-Rallye

START 1562

– 398

· 5

+ 4 180

BOXENSTOPP P 1

Am Boxenstopp bilde die Prüfzahl (P) des Ergebnisses.

· 10

– 18 424

: 8

· 2

BOXENSTOPP P 18

Wenn deine Prüfzahl mit der Zahl auf dem Stoppschild übereinstimmt, darfst du weiter. Wenn nicht, musst du zum vorherigen Boxenstopp zurück.

· 7

– 124 458

· 5

BOXENSTOPP P 15

– 35 351

· 10

+ 8 500

Meine Prüfzahl ist falsch! Ich muss zurück.

BOXENSTOPP P 38

: 7

– 37 807

: 100

: 100

ZIEL 10

Addiere die Ziffern deines Ergebnisses, dann hast du die Prüfzahl.

Hast du das Ziel erreicht, fahre die Rallye rückwärts.

Aufgaben im Zahlenraum bis zur Million zu allen vier Grundrechenarten lösen

1 Finde die kleine Aufgabe und rechne beide.

a)
39 000 +   5 000 = ☐
66 000 + 27 000 = ☐
298 000 + 215 000 = ☐
814 000 + 68 000 = ☐

b)
57 000 –   9 000 = ☐
83 000 – 21 000 = ☐
198 000 – 52 000 = ☐
475 000 – 215 000 = ☐

Bearbeite immer eine Aufgabe. Wie konntest du sie lösen? Male im Heft passend dazu:

2 Wie heißen die Zahlen?

a) Meine Zahl ist die Summe aus 134 500 und 47 000.

b) Meine Zahl ist die Differenz aus 901 200 und 3 000.

c) Meine Zahl ist das 50-fache von 14.

3
a)
3 · 700 = ☐
40 · 90 = ☐
900 · 300 = ☐
20 000 ·   5 = ☐

b)
360 : 6 = ☐
7 200 : 8 = ☐
27 000 : 9 = ☐
280 000 : 4 = ☐

c)
74 269 · 3 = ☐
135 804 · 6 = ☐
40 816 : 4 = ☐
328 056 : 8 = ☐

4 Runde.

a)
auf ZT: 44 228 ≈ ☐
auf H: 204 931 ≈ ☐
auf Z: 444 889 ≈ ☐
auf T: 105 405 ≈ ☐

b)
4,75 € ≈ ☐ €
108,28 € ≈ ☐ €
83 € 54 ct ≈ ☐ €
25 € 25 ct ≈ ☐ €

c)
370,05 m ≈ ☐ m
8 911,15 m ≈ ☐ m
8 m 20 cm ≈ ☐ m
12 m 64 cm ≈ ☐ m

5 Erkan und seine beiden Schwestern gehen mit den Eltern in den Zoo.
F: Wie viele Euro kostet das für die Familie zusammen?

Eintrittspreise
Erwachsene   13 €
Kinder   7 €

6 Kinderunfälle in Deutschland!

A: Schulhof

B: Unterricht

C: Freizeit

D: Schulweg

E: Sonstiges

= 10 000 Kinder
= 1 000 Kinder
=   100 Kinder

a) F: Wie viele Kinder hatten bei den Situationen A, B, … einen Unfall?
b) F: In welcher Situation passierten die meisten Kinderunfälle?

Alles fertig? Überprüfe mit Seite 62.

Mit diesen Aufgaben kannst du üben:

→ S. 45/5

→ S. 49/9
  S. 50/6

→ S. 50/3, 5
  S. 52/3, 5

→ S. 56/2
  S. 57/7, 9, 10

→ S. 51/1

→ S. 58/2
  S. 59/4

1 Finde die kleine Aufgabe und rechne beide.

a)
39 000 +   5 000 = *44 000*
66 000 +   27 000 = *93 000*
298 000 + 215 000 = *513 000*
814 000 +   68 000 = *882 000*

b)
57 000 −   9 000 = *48 000*
83 000 −   21 000 = *62 000*
198 000 −   52 000 = *146 000*
475 000 − 215 000 = *260 000*

2 Wie heißen die Zahlen?

a)
Meine Zahl ist die Summe aus 134 500 und 47 000.

181 500

b)
Meine Zahl ist die Differenz aus 901 200 und 3 000.

898 200

c)
Meine Zahl ist das 50-fache von 14.

700

3
a)
2 100
3 600
270 000
100 000

b)
60
900
3 000
70 000

c)
222 807
814 824
10 204
41 007

4 Runde.

a) auf ZT: *40 000*
   auf H: *204 900*
   auf Z: *444 890*
   auf T: *105 000*

b)
4,75 € ≈   *5* €
108,28 € ≈ *108* €
83 € 54 ct ≈ *84* €
25 € 25 ct ≈ *25* €

c)
370,05 m ≈ *370* m
8 911,15 m ≈ *8 911* m
8 m 20 cm ≈   *8* m
12 m 64 cm ≈ *13* m

5 Erkan und seine beiden Schwestern gehen mit den Eltern in den Zoo.
F: Wie viele Euro kostet das für die Familie zusammen?

Eintrittspreise	
Erwachsene	13 €
Kinder	7 €

R: 3 · 7 € = 21 €   2 · 13 € = 26 €   21 € + 26 € = 47 €
A: 47 € kostet das für die Familie zusammen.

6 Kinderunfälle in Deutschland!

A: Schulhof   *28 200 Kinder*
B: Unterricht   *9 400 Kinder*
C: Freizeit   *56 600 Kinder*
D: Schulweg   *15 300 Kinder*
E: Sonstiges   *23 000 Kinder*

= 10 000 Kinder
= 1 000 Kinder
= 100 Kinder

a) F: Wie viele Kinder hatten bei den Situationen A, B, … einen Unfall?
b) F: In welcher Situation passierten die meisten Kinderunfälle?
In der Freizeit passieren die meisten Kinderunfälle.

1 `ICH + DU + WIR` Überlegt euch drei Aktivitäten, die Leila und Samuel im Freizeitpark machen könnten. In welcher Reihenfolge können sie die Dinge tun? Schreibt die Möglichkeiten übersichtlich auf. Wie geht ihr vor?

2 So überlegen Samuel und Leila. Erkläre und ergänze die Darstellungen. Wie viele verschiedene Möglichkeiten gibt es?

Ich zeichne.

Ich erstelle ein Baumdiagramm.

Welche Möglichkeiten haben Leila und Samuel, wenn sie bei drei Aktivitäten auch mehrmals das Gleiche machen können?

Leila und Samuel möchten auch noch Geisterbahn (G) fahren. Wie viele Möglichkeiten gibt es jetzt?

Riesenrad (R)
Wildwasserbahn (W)
Kettenkarussell (K)

➜ S. 134

3 Leila und Samuel wollen mit ihren Fahrrädern nach Hause fahren. Leider hat Samuel die Nummer seines Zahlenschlosses vergessen, mit dem er sein Fahrrad abgeschlossen hat. Er erinnert sich, dass im Zahlencode die Ziffern 3, 5, 6 und 9 vorkommen, aber er weiß die Reihenfolge nicht mehr.

a) Wie viele verschiedene Codes muss Samuel ausprobieren? Übertrage Samuels Tabelle in dein Heft und ergänze sie.

1. Ziffer	2. Ziffer	3. Ziffer	4. Ziffer
3	5	6	9
3	5	…	…
…	…	…	…

An der 1. Stelle können alle vier Ziffern vorkommen, also 4. … Steht die erste Ziffer fest, gibt es an der 2. Stelle nur noch ☐ mögliche Ziffern, also …

b) Leila findet die Anzahl der Möglichkeiten durch Rechnen. Wie lautet die vollständige Aufgabe? Erkläre, wie du rechnest.

1. Ziffer	2. Ziffer	3. Ziffer	4. Ziffer
4 · ☐ · ☐ · ☐ = ☐			

`ICH + DU` Erfinde ein Zahlenschloss mit 4 Ziffern. Dein Partnerkind findet alle möglichen Kombinationen.

Rechte Winkel

→ S. 135

Achte darauf, dass die Linien beim rechten Winkel senkrecht aufeinander treffen und darauf, dass die parallelen Linien überall den gleichen Abstand zueinander haben.

1 **ICH + DU + WIR** Wie werden hier ein rechter Winkel und parallele* Linien gezeichnet? Erklärt.

rechter Winkel

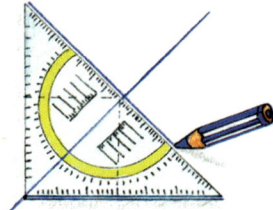

Parallelen

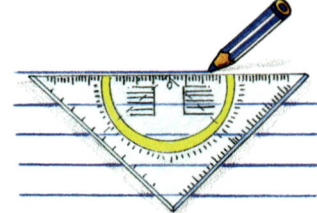

2 Übertrage das Spielbrett mit dem Geodreieck auf weißes Papier ohne Rechenkästchen. Zeichne wie in Aufgabe 1. Achte auf die Maße.

2 cm

12 cm

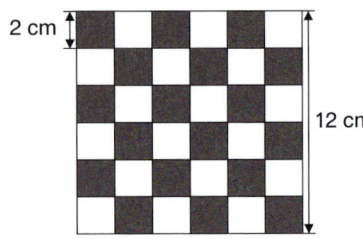

ICH + DU
Beschreibe deinem Partnerkind die Figuren und ihre Flächenformen. Wo entdeckst du rechte Winkel und parallele Linien?

3 Übertrage die Figuren mit dem Geodreieck auf weißes Papier ohne Rechenkästchen. Hier musst du selbst messen.

A   B   C   D

4 Erfinde eigene Muster mit rechten Winkeln und Parallelen.

→ S. 134

5 **ICH + DU + WIR** Hier geht es immer um vier Geraden. Beschreibt genau: Wie liegen sie zueinander? Wie viele rechte Winkel und wie viele Schnittpunkte gibt es?

A   B   C   D   E   F

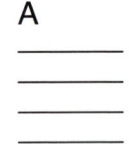   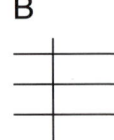   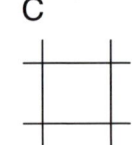      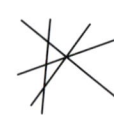   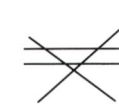

Eine gerade Linie ohne Anfangs- und Endpunkt nennen wir **Gerade**.
Zwei Geraden, die überall den gleichen Abstand zueinander haben, nennen wir **Parallelen**. Parallelen treffen und schneiden sich nie.

6 Schätze zuerst: Welche der beiden roten Linien ist länger? Miss mit dem Geodreieck nach und schreibe das Ergebnis auf.

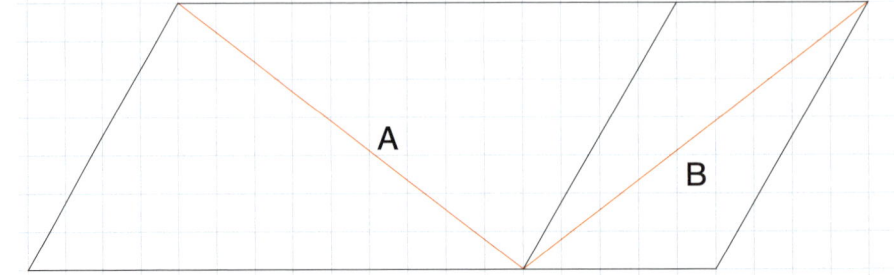

A

B

* Der Begriff „parallel" ist nicht verbindlich.   Strecken und Flächenformen mit Hilfsmitteln zeichnen

1 Aus Bibus Trickkiste!

1. Zeichne mit deinem Geodreieck zwei rechteckige Streifen auf ein Blatt Papier.

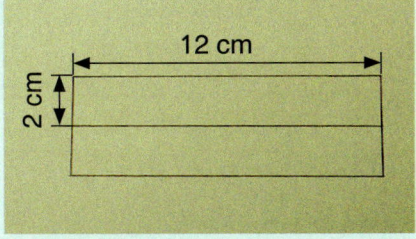

12 cm
2 cm

2. Schneide die Streifen aus und klebe die Enden jeweils zusammen, sodass zwei Kreise entstehen.

3. Klebe die Kreise im rechten Winkel zusammen.

4. Schneide sie der Länge nach durch und du erhältst …

Du kannst auch mit deinem Partnerkind zusammenarbeiten.

2 Betrachte das Bastelergebnis aus Aufgabe 1. Was ist entstanden? Beschreibe die Anzahl der Seiten, rechten Winkel, …

3 Zeichne mit dem Geodreieck auf ein weißes Blatt …
a) … zwei parallele Geraden.
b) … zwei parallele Strecken mit der Länge 4 cm.
c) … eine waagerechte Strecke mit der Länge 5 cm und dazu eine senkrechte Strecke mit der Länge 5 cm.
d) … eine waagerechte Strecke mit der Länge 5 cm und dazu nach jedem cm eine senkrechte Strecke mit der Länge 3 cm.
e) … ein Quadrat mit der Seitenlänge 4 cm.
f) … ein Rechteck, das 4 cm breit und 2 cm hoch ist.
Vergleiche deine Zeichnungen mit deinem Partnerkind.

4 Kannst du deinen Augen trauen?
a) Sind die waagerechten Linien gerade oder krumm?

b) Ist die obere Linie länger als die untere?

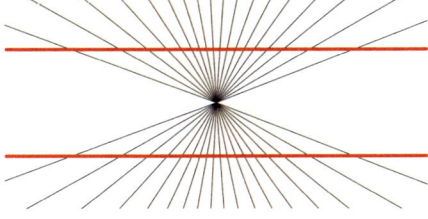

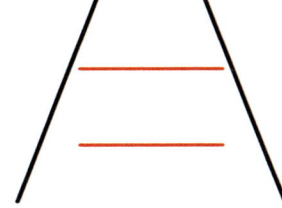

➜ S. 135, 136

Die Schnur verläuft **senkrecht** nach unten.

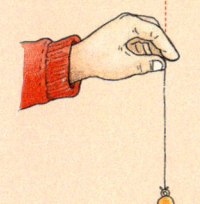

Die Wasseroberfläche ist immer **waagerecht**.

Eine Linie mit einem Anfangs- und einem Endpunkt nennen wir **Strecke**.

A   B

Kreise – eine runde Sache

→ S. 134, 135

Nicht schummeln! Hier musst du genau messen und zeichnen.

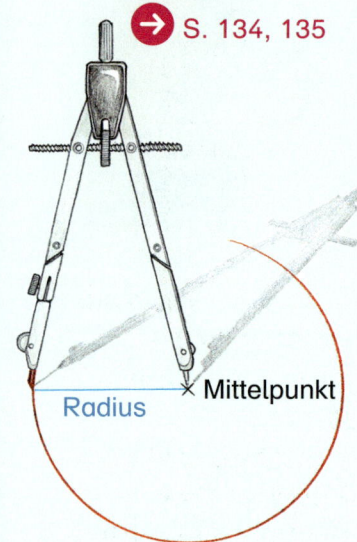

Radius × Mittelpunkt

Kreis-Ausstellung
Der Kreis kommt in der Natur und in unserer Umgebung sehr häufig vor. Sammelt Beispiele und stellt sie aus.

Mein Kreis wird einfach nicht rund!

Mit dem Zirkel geht es besser.

Erfinde eigene Kreisbilder.

1 ICH + DU + WIR Bibu hat mit dem Zirkel einen Kreis gemalt. Wie groß ist er? Messt vom Mittelpunkt (M) aus den Radius (r). Messt anschließend den Durchmesser (d). Was stellt ihr fest?

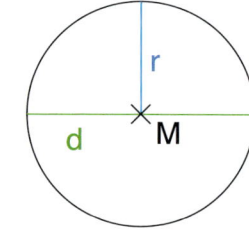

2 Zeichne Kreise mit …

a) … $r = 2$ cm.   b) … $r = 3$ cm.   c) … $r = 4$ cm.
d) … $r = 2$ cm 5 mm.   e) … $r = 3$ cm 7 mm.   f) … $r = 4$ cm 2 mm.

3 Übertrage die Tabelle in dein Heft und ergänze.

Radius (r)	2 cm		4 cm		10 cm		
Durchmesser (d)		1 cm		7 cm		10 cm	3 cm

4 Zeichne um einen gleichen Mittelpunkt (M) Kreise mit dem Radius $r = 1$ cm, $r = 3$ cm und $r = 6$ cm.
Male die Kreise der Größe nach gelb, orange und rot an.

5 Schöne Kreisbilder!

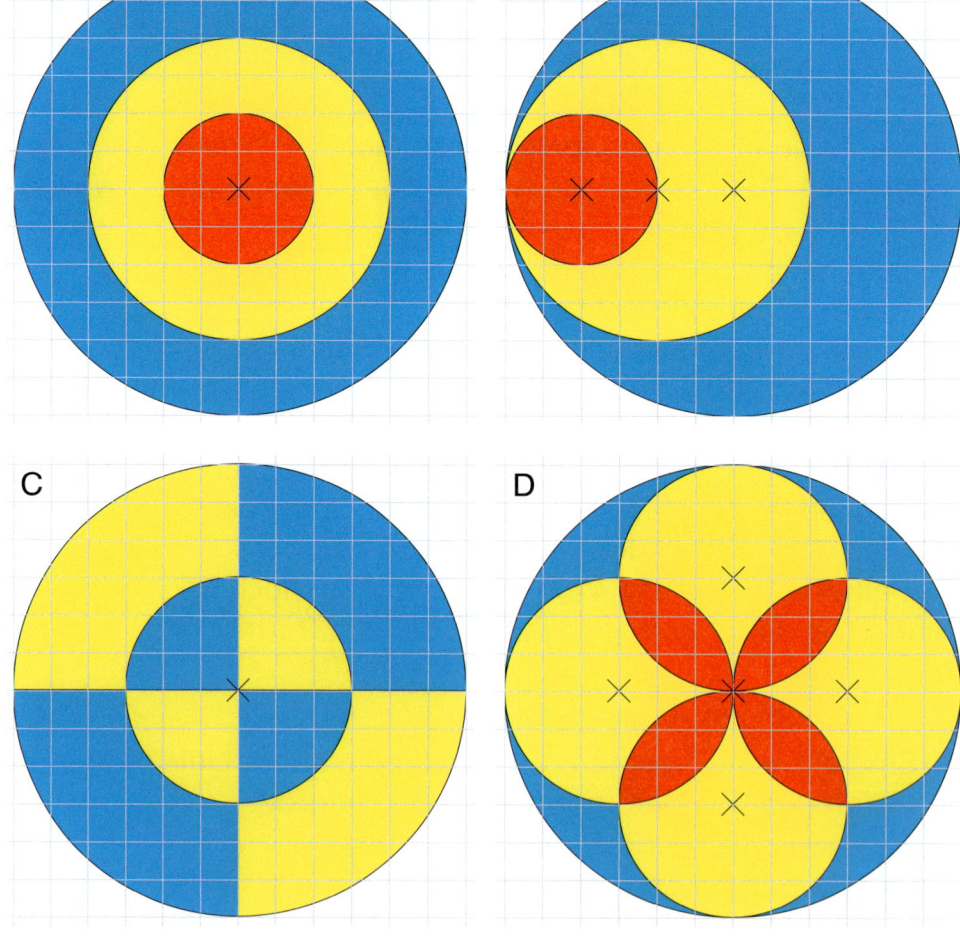

A   B
C   D

a) Zeichne jedes Bild freihändig auf Karopapier ab.
b) Zeichne jedes Bild mit dem Zirkel auf weißes Papier. Manchmal brauchst du ein Geodreieck.

Flächenformen frei sowie mit Hilfsmitteln zeichnen

6 Übertrage die Muster doppelt so groß mit dem Zirkel und dem Geodreieck auf ein weißes Blatt. Setze sie fort. Wie gehst du vor? Besprich dich mit deinem Partnerkind.

a)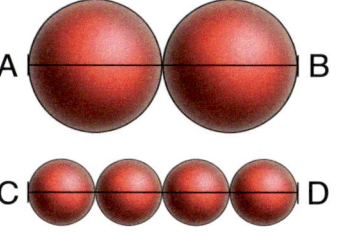

b)

7 Zeichne einen Kreis mit r = 4 cm und markiere die Kreislinie mit dem Zirkel im Abstand von 4 cm.

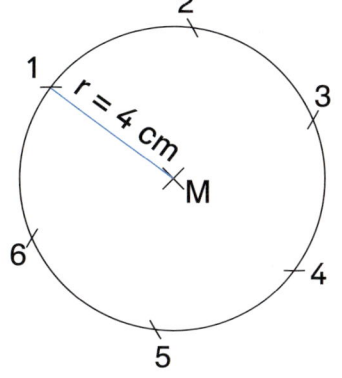

a) Verbinde die entstandenen Punkte mit dem Geodreieck in Rot. Was erhältst du?

b) Verbinde die Punkte 1, 3, 5 und 1 in Blau. Was erhältst du?

c) Verbinde die Punkte 2, 4, 6 und 2 in Grün. Was erhältst du?

8 `ICH + DU + WIR` Könnt ihr die Figur aus Aufgabe 7 mit einem anderen Radius zeichnen und die gleiche Figur erhalten? Begründet.

9 Kannst du deinen Augen trauen?

a) Ist die Strecke von A nach B kürzer als die von C nach D?

b) Ist die kleine runde Figur kreisrund?

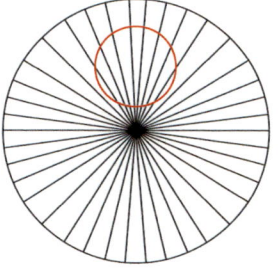

c) Ist die linke oder die rechte Kugel größer?

d) Ist die linke oder die rechte Kugel größer?

10 Suche optische Täuschungen mit Kreisen in Büchern, im Internet oder in Zeitschriften. Gestalte damit eine Seite in „Unser Mathebuch".

Erfinde eigene Muster mit Kreisen.

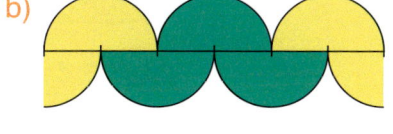

Ich steche mit dem Zirkel in einen Punkt auf der Kreislinie und markiere von dort aus den nächsten Punkt.

`ICH + DU` Zeichne einen großen Kreis und fülle ihn mit verschiedenen Formen. Dein Partnerkind malt deinen Kreis aus.

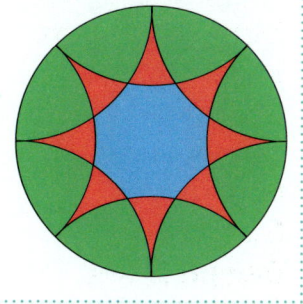

Beim Kreis ist der Durchmesser (d) genau doppelt so groß wie der Radius (r).

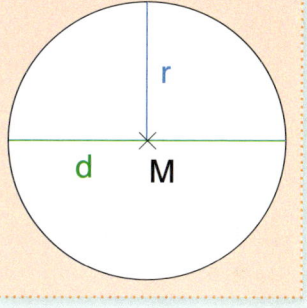

Figuren spiegeln

→ S. 134

Ihr könnt auch zu viert spielen. Spiegelt eure Figuren auch nach unten.

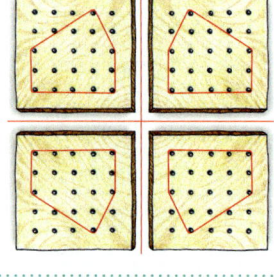

Übertrage die Figuren in dein Heft und zeichne alle Symmetrie-achsen ein.

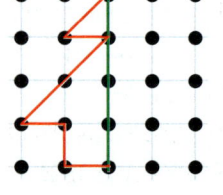

Entdeckst du bei den fertigen Figuren noch weitere Symmetrie-achsen? Zeichne sie ein.

Die **Symmetrieachse** teilt eine **achsen-symmetrische** Figur in zwei deckungsgleiche Hälften.

① Spiegeln am Geobrett
- Ein Kind spannt eine Figur auf dem Geobrett.
- Das Partnerkind spannt die Figur achsensymmetrisch nach.

② Spanne die Figuren am Geobrett und ergänze sie achsensymmetrisch. Beschreibe, wie du vorgehst.

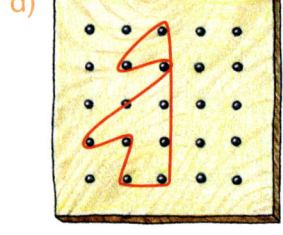

a)   b)   c)

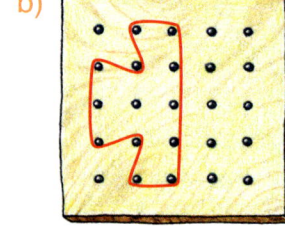

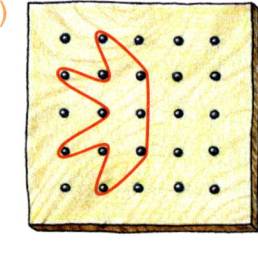

③ Welche Figur entsteht? Überlege zuerst, spanne dann das Gummiband um die Punkte.

	1	2	3	4	5
A	•	•	•	•	•
B	•	•	•	•	•
C	•	•	•	•	•
D	•	•	•	•	•
E	•	•	•	•	•

a) A1, A5, E1, A1

b) B2, B4, D5, D1, B2

c) A1, A3, D5, D2, A1

d) E1, C5, A5, A3, E1

④ Schräge Symmetrieachsen! Zeichne die Figuren ab und ergänze sie achsensymmetrisch. Beschreibe, wie du vorgehst.

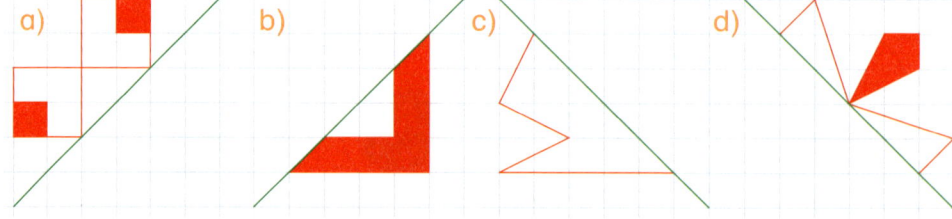

a)   b)   c)   d)

⑤ ICH + DU ▸ Erfinde eine eigene Figur und zeichne die Symmetrieachse dazu. Dein Partnerkind ergänzt achsensymmetrisch.

Achsensymmetrische Figuren erzeugen

Muster am Band und in der Fläche

1 Zeichne die Bandornamente in dein Heft und setze sie fort. Aus welchen Flächenformen setzen sich die Muster zusammen? Welche Gesetzmäßigkeiten entdeckst du? Tausche dich mit deinem Partnerkind aus.

a)

b)
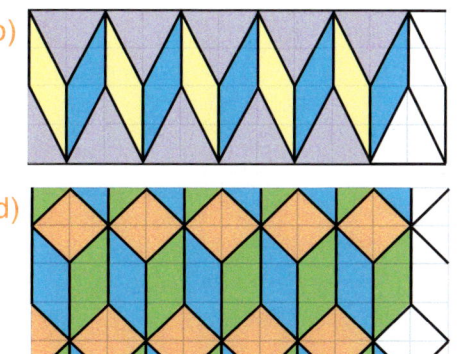

c)
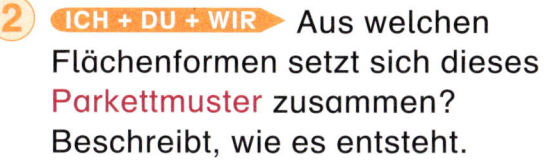

d)
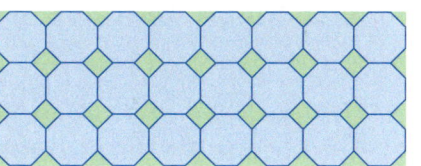

2 **ICH + DU + WIR** Aus welchen Flächenformen setzt sich dieses Parkettmuster zusammen? Beschreibt, wie es entsteht.

3 Zeichne das Parkettmuster aus Aufgabe 2 in dein Heft. Erkläre, wie du vorgehst und ergänze die Sätze passend.

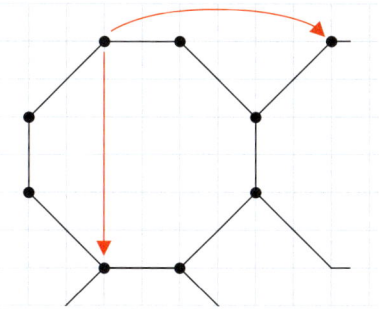

a) Verschiebe die Grundfigur von einem Eckpunkt aus ☐ Kästchen nach rechts.
b) Verschiebe die Grundfigur von einem Eckpunkt aus ☐ Kästchen nach unten.

4 Setze die Bandornamente aus Aufgabe 1 in der Fläche fort, sodass ein Parkettmuster entsteht. Schreibe die Verschieberegeln dazu.

5 Zeichne die Muster in dein Heft. Setze sie zu einem Parkett fort. Färbe sie so, dass …
a) … ein nicht achsensymmetrisches Parkettmuster entsteht.
b) … ein Parkettmuster mit einer Symmetrieachse entsteht.

A
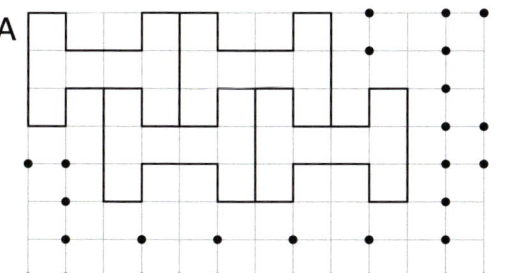

B
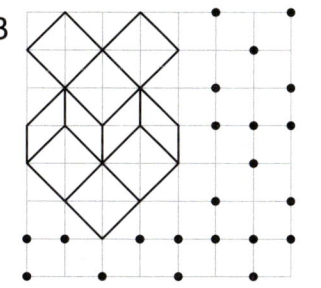

→ S. 134

Welche Bandornamente sind achsensymmetrisch, welche sind nicht achsensymmetrisch? Begründe. Überprüfe mit dem Spiegel.

→ S. 135

Zeichne mit diesen Flächenformen …
• … ein achsensymmetrisches Parkettmuster.
• … ein nicht achsensymmetrisches Parkettmuster.
Schreibe jeweils die Verschieberegeln dazu.

Übertrage die Muster von Seite 64, Aufgabe 3 in dein Heft und setze sie zu Bandornamenten und zu Parketten fort. Schreibe die Verschieberegel dazu.

Erfinde ein Parkettmuster mit zwei Symmetrieachsen. Wie gehst du vor? Beschreibe.

Quader untersuchen und bauen

Vergleiche das Flächenmodell des Quaders mit dem eines Würfels. Welche Gemeinsamkeiten und Unterschiede entdeckst du? Wo entdeckst du rechte Winkel?

1 Das **Flächenmodell** eines Quaders. Beschreibe.

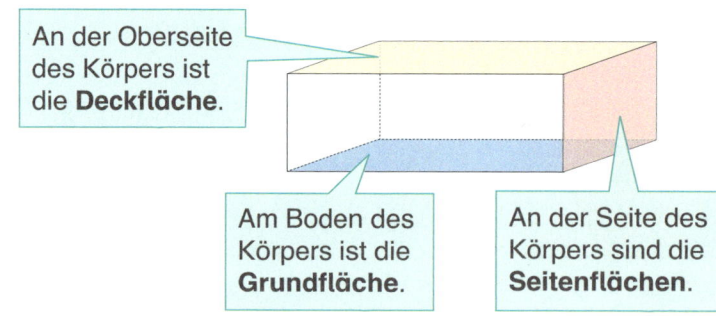

An der Oberseite des Körpers ist die **Deckfläche**.

Am Boden des Körpers ist die **Grundfläche**.

An der Seite des Körpers sind die **Seitenflächen**.

Beim Quader sind die gegenüberliegenden Flächen immer gleich.

2 Flächenmodell herstellen
- Miss die Flächen einer Streichholzschachtel ganz genau und zeichne sie auf weißes Papier.
- Male gleiche Flächen jeweils in der gleichen Farbe an.
- Beklebe deine Streichholzschachtel damit.

Forme das **Vollmodell** eines Würfels. Worauf musst du achten?

3 a) Forme aus Knetmasse das **Vollmodell** eines Quaders.
b) Arbeitet in Vierergruppen. Halbiert eure Quader wie angegeben mit einer reißfesten dünnen Schnur. Welche Körperformen entstehen durch das Halbieren? Welche Form haben die Schnittflächen? Tauscht euch aus.

A   B   C   D

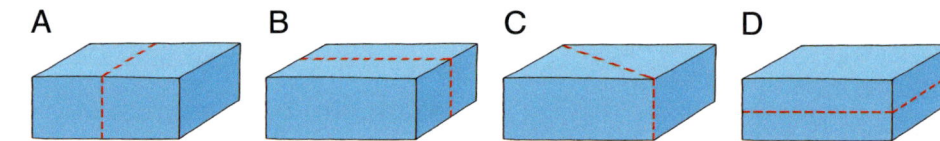

Baue das **Kantenmodell** eines Würfels und untersuche es wie in Aufgabe 4.

4 Baue aus Knetkügelchen und Strohhalmen das **Kantenmodell** eines Quaders.

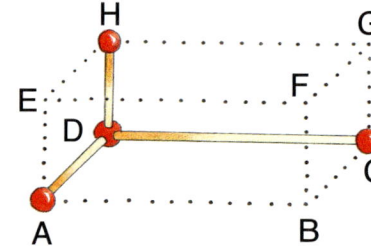

a) Wie viele Kügelchen brauchst du?
b) Wie viele Strohhalme brauchst du? Wie lang müssen sie sein?
c) Wie viele rechte Winkel findest du an deinem Kantenmodell? Welche Kanten sind parallel zueinander? Überprüfe mit deinem Geodreieck.

Ein **Quader** hat 8 Ecken und 6 Flächen. Alle Flächen sind rechteckig. Zwei sich gegenüberliegende Flächen sind gleich groß. Ein Quader hat 12 Kanten. Immer vier Kanten sind gleich lang und parallel.

5 Wie viele Kügelchen und Strohhalme fehlen jeweils? Zeichne die vollständigen Kantenmodelle in dein Heft.

a)   b)   c)   d)

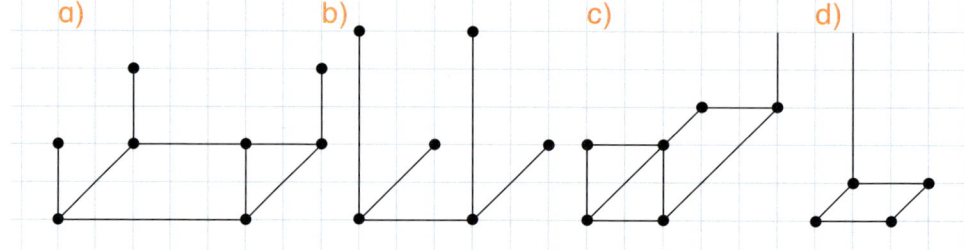

Kanten- und Flächenmodelle vergleichen

1 Schneide einen Quader so auf, dass alle sechs Flächen zusammenhängen. Klappe die Flächen in die Ebene, so dass sie flach vor dir liegen. Das ist ein Quadernetz.

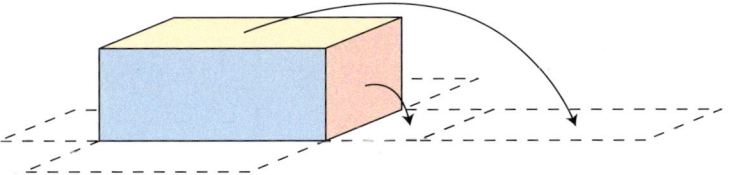

2 a) Kippe eine Streichholzschachtel auf weißem Papier. Umfahre mit dem Bleistift jedes Mal die Fläche, die unten liegt. Kippe so: nach rechts – nach vorne – nach rechts – nach rechts – nach vorne. Was entsteht?

b) Schneide das Netz aus und falte daraus einen Quader.

3 Die Kinder haben ihre Streichholzschachteln unterschiedlich abgezeichnet. Aus welchen Netzen (5) kannst du einen Quader falten?

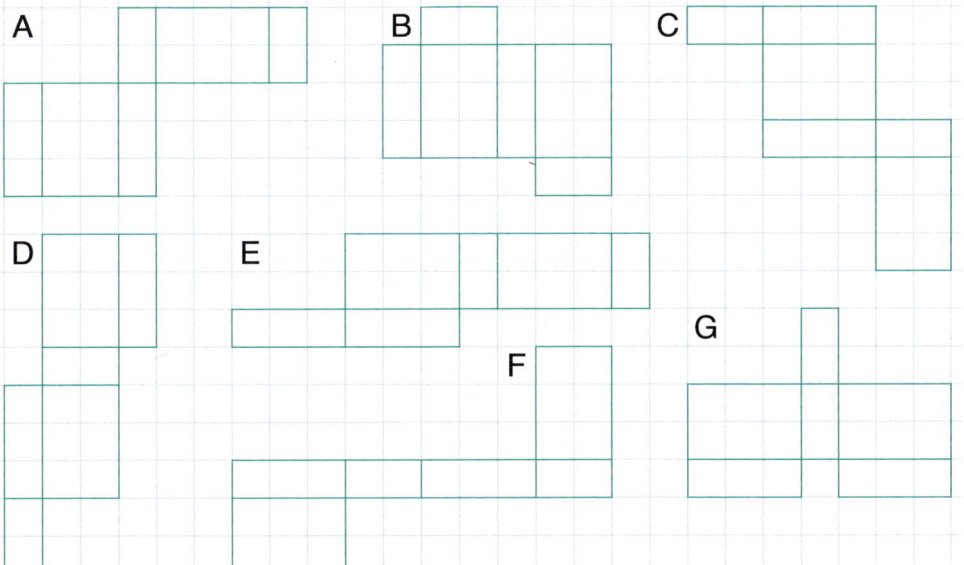

4 Quader kippen: Wo liegt Bibus Gesicht?

⟶ rechts ⟵ links ↓ vorne ↑ hinten

So liegt der Quader:

a) 2-mal ⟶, 1-mal ↑

b) 2-mal ↓, 2-mal ⟵, 1-mal ↑

c) 1-mal ⟵, 1-mal ↓, 2-mal ⟶, 2-mal ↑

5 **ICH + DU** Spielt Quader kippen. Ein Kind gibt die Kippanweisung. Das andere Kind kippt nach Vorgabe und sagt, wo Bibus Gesicht liegt. Wechselt euch ab.

Quader-Ausstellung
Sammelt quaderförmige Verpackungen und stellt sie in der Klasse aus. Erstellt durch Kippen zu jedem Quader auch das passende Netz.

Finde weitere Quadernetze, die zu einer Streichholzschachtel passen. Zeichne.

Beklebe eine Streichholzschachtel und male mein Gesicht auf eine der beiden großen Seiten.

Quadernetze untersuchen

1 ICH + DU + WIR Betrachtet die Quadernetze. Was fällt euch auf?

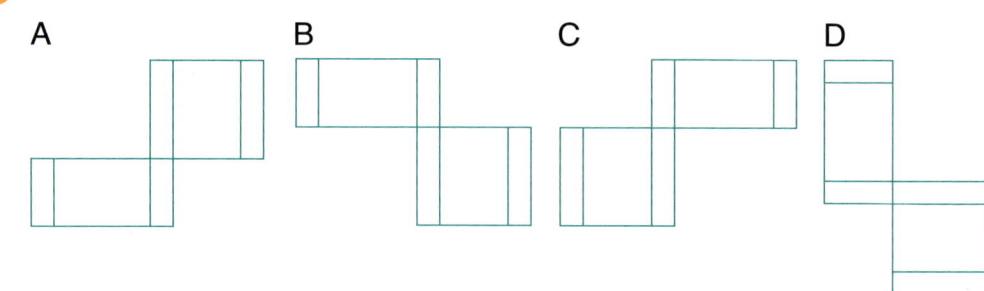

A   B   C   D

2 Ein Quadernetz – viele Darstellungsmöglichkeiten! Erkläre.

Wenn ich das Quadernetz spiegle, bleibt es trotzdem deckungsgleich!

Ich kann das Quadernetz auch drehen!

→ S. 134

→ S. 134

3 Finde zu den Quadernetzen C, D und E von Seite 71, Aufgabe 3 jeweils zwei weitere deckungsgleiche Quadernetze. Zeichne. Wie gehst du vor? Vergleiche deine Lösungen mit deinem Partnerkind.

4 Hier fehlt etwas! Zeichne die unvollständigen Quadernetze ab. Ergänze jeweils die fehlende Seitenfläche an der passenden Stelle. Überlege dir vorher, wie viel Platz du brauchst.

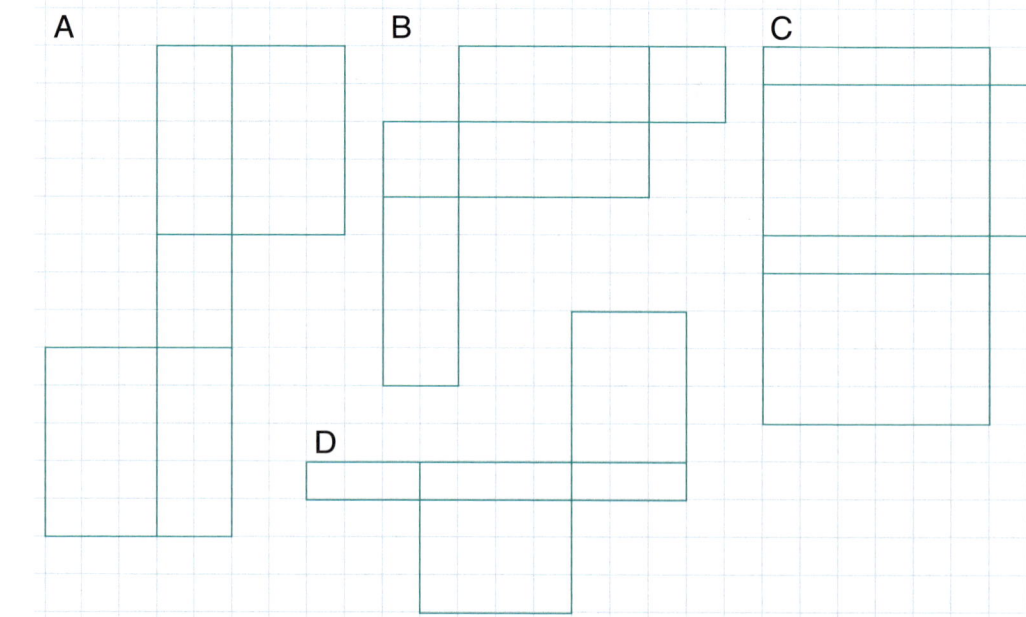

A   B   C

D

5 Erfinde eigene Quadernetze mit einer fehlenden Seitenfläche für „Unser Mathebuch".

ICH + DU + WIR
Vergleicht eure Netze in der Gruppe. Wie viele verschiedene Netze habt ihr gefunden?

Finde zu den Quadernetzen weitere deckungsgleiche Netze.

Quadernetze sind **deckungsgleich**, wenn sie sich durch Spiegeln oder Drehen aufeinander abbilden lassen.

Den Fachbegriff *deckungsgleich* bei der Beschreibung von Netzen verwenden

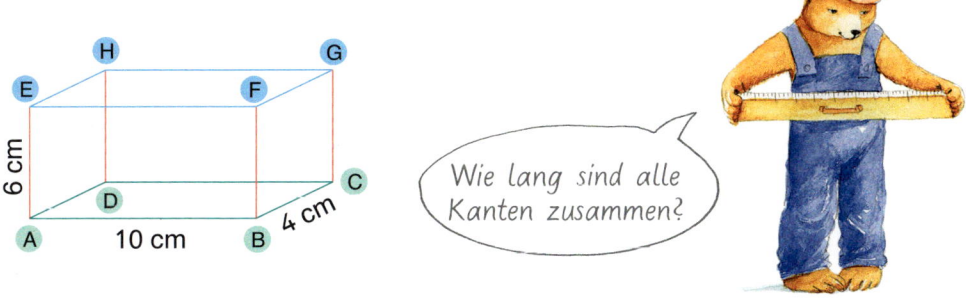

Wie lang sind alle Kanten zusammen?

1 Ameise Antje krabbelt von Ecke A zur nächsten Ecke. An welcher Ecke kommt sie an? Auf welcher Kante läuft sie dabei jeweils? Wie lang ist die Strecke? Es gibt verschiedene Möglichkeiten.

2 Maikäfer Max läuft von Ecke G über F und B nach A. Wie viele cm krabbelt er insgesamt?

3 **ICH + DU** Findet für Maikäfer Max einen möglichst kurzen Rundweg von F nach F. Er soll an jeder Ecke mindestens einmal entlang krabbeln. Wie lang ist sein Weg? Vergleicht eure Lösungen.

4 Fliege Friederike sitzt auf Ecke F und möchte eine Kantenwanderung unternehmen. Sie will Spinne Sabine auf keinen Fall zu nahe kommen. Spinne Sabine sitzt in Ecke D. Wo kann Fliege Friederike entlang krabbeln, wenn immer mindestens eine Ecke zwischen ihr und Sabine sein soll? Wie lang ist dieser Weg?

5 Fliege Friederike sitzt auf Ecke H, Biene Birgit sitzt auf Ecke B. Die beiden wollen sich an einer Ecke treffen und bis zum Treffpunkt einen exakt gleich langen Weg zurücklegen. An welchen Ecken ist ein Treffpunkt möglich? Welchen Weg müssen Friederike und Birgit jeweils zurücklegen? Notiere die Buchstaben der Ecken in der richtigen Reihenfolge. Berechne auch die Länge der Wegstrecken.

6 Bibu hat ein 120 cm langes Stück Draht. Daraus möchte er einen Quader als Kantenmodell bauen. In welche Stücke soll er den Draht schneiden, wenn nichts von dem Draht übrig bleiben soll? Es soll auf keinen Fall ein Würfel werden.

ICH + DU
Überlege dir einen Weg an Bibus Quader. Dein Partnerkind nennt das Ziel.

Erfinde ähnliche Rätsel zum Kantenwandern für „Unser Mathebuch".

1 Aus wie vielen Würfeln bestehen diese Würfelgebäude? Rechne.

3 + 1 + 1 + 2 = ☐

a)

b)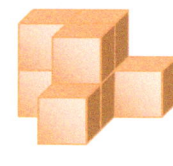

c)

d)

e)

f)

2 Zu welchen Würfelgebäuden aus Aufgabe 1 passen diese Baupläne? Ordne zu.

A

2	1	0
1	1	2
0	1	1

B

2	2	1
0	2	0
0	1	0

C

3	4	3
1	2	1
0	1	0

3 Zeichne die Baupläne der übrigen Würfelgebäude aus Aufgabe 1 in dein Heft.

4 **ICH + DU** Erfinde ein eigenes Würfelgebäude. Dein Partnerkind zeichnet den Bauplan dazu.

5 Baue Würfelgebäude zu folgenden Bauplänen. Zeichne sie in dein Heft ...

2	3	1
1	2	1

a) ... von vorne.   b) ... von hinten.
c) ... von links.   d) ... von rechts.
e) ... von oben.

A

4	3	2
1	1	1

B

3	4	3
2	3	2
1	2	1

C

4	4	0	0
3	3	1	2
2	2	0	0

6 Zeichne die Würfelgebäude von Aufgabe 1 von vorne, von hinten, von links und von rechts in dein Heft.

7 **ICH + DU** Zeichne einen Bauplan für ein Würfelgebäude. Dein Partnerkind baut nach deinem Plan.

von vorne

von hinten

von links

von rechts

von oben

1 `ICH + DU + WIR` Ihr habt 24 Einheitswürfel. Baut möglichst viele verschiedene Quader mit jeweils 24 Würfeln. Wie geht ihr vor? Stellt eure Lösungen übersichtlich auf Papier dar.

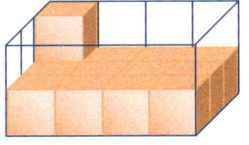

Bei meinem Quader sind in der untersten Schicht 3·4 Würfel. Mein Quader ist zwei Schichten hoch, also rechne ich 3·4·2 = 24.

Gedrehte Quader gelten nicht als verschieden.

→ S. 135

2 Welcher Quader hat den größten Rauminhalt? Überlege, wie viele Einheitswürfel hineinpassen. Fülle die Quader in Gedanken schichtweise. Schreibe jeweils eine passende Rechnung auf.

a)

b)

c)

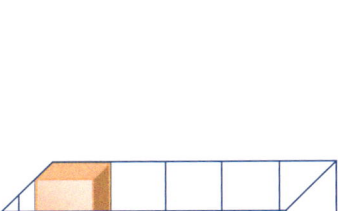

3 Ergänze jedes Würfelgebäude zu einem möglichst kleinen Quader.

A

B

C

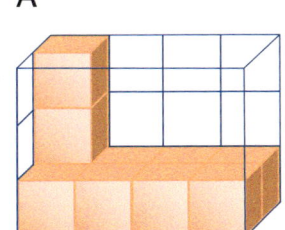
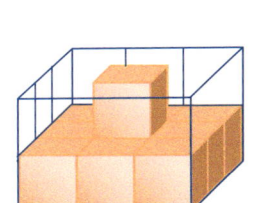
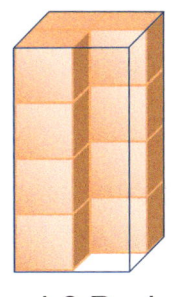

a) Wie viele kleine Würfel brauchst du jeweils noch? Rechne.
b) Wie viele kleine Würfel brauchst du jeweils insgesamt? Bestimme den Rauminhalt.
c) Vergleiche die Rauminhalte. Welcher Quader hat den größten, welcher den kleinsten Rauminhalt?

Ein Bauplan kann dir helfen.

4 Betrachte die Würfelgebäude von Seite 74, Aufgabe 1. Ergänze jedes Würfelgebäude zu einem möglichst kleinen Quader. Wie viele Einheitswürfel brauchst du noch? Rechne.

5 `ICH + DU` Baue Würfelgebäude. Dein Partnerkind ergänzt zum möglichst kleinen Quader.

Mit Einheitswürfeln kannst du den **Rauminhalt** von Körpern ausmessen und miteinander vergleichen.

Verschiedene Maßstäbe

Sprich so: Maßstab eins zu eins.

1:1

→ S. 135

Maßstab 1:2
1 cm im Bild entspricht 2 cm in Wirklichkeit.
Das Bild ist nur halb so groß wie der Gegenstand in Wirklichkeit.

Maßstab 1:10
1 cm im Bild entspricht 10 cm in Wirklichkeit.

Maßstab 1:100
1 cm im Bild entspricht 100 cm in Wirklichkeit.

Maßstab 1:1000
1 cm im Bild entspricht 1000 cm in Wirklichkeit.

Maßstab 1:10000
1 cm im Bild entspricht 10000 cm in Wirklichkeit.

Maßstab 1:100000
1 cm im Bild entspricht 100000 cm in Wirklichkeit.

① Dieser Buntstift ist in Wirklichkeit genauso lang, wie hier gezeigt. Das sagt dir die Angabe **Maßstab 1 : 1**. Das bedeutet: 1 cm im Bild entspricht 1 cm in der Wirklichkeit. Miss den Buntstift. Wie lang ist er?

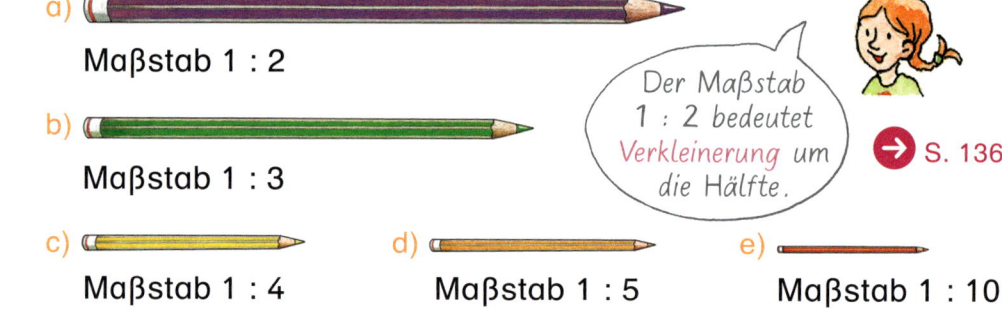

Maßstab 1 : 1

② Diese Stifte sind kleiner abgebildet, als sie in Wirklichkeit sind. Am Maßstab erkennst du, wie groß die Stifte tatsächlich sind. Miss die Stifte und errechne dann die tatsächliche Größe in cm.

a)

Maßstab 1 : 2

b)

Maßstab 1 : 3

Der Maßstab 1 : 2 bedeutet Verkleinerung um die Hälfte.

→ S. 136

c)

Maßstab 1 : 4

d)

Maßstab 1 : 5

e)

Maßstab 1 : 10

③ Zeichne einen Buntstift, der in Wirklichkeit 15 cm lang ist, im …
a) … Maßstab 1 : 3. b) … Maßstab 1 : 5. c) … Maßstab 1 : 10.
Dein Partnerkind kontrolliert.

④ Zeichne ein Rechteck, das in Wirklichkeit 30 cm lang und 20 cm breit ist, im …
a) … Maßstab 1 : 2. b) … Maßstab 1 : 4. c) … Maßstab 1 : 5.
d) … Maßstab 1 : 10. e) … Maßstab 1 : 20.
Dein Partnerkind kontrolliert.

⑤ Damit Landschaften und Städte in ein Buch passen, brauchen wir oft große Maßstäbe.
a) Franzi rechnet so. Erkläre.

Maßstab 1 : 100 000
100 000 cm = 1 000 m
1 000 m = 1 km

Maßstab 1 : 100 000 bedeutet, dass 1 cm im Bild 1 km in der Wirklichkeit sind.

b) Samuel erstellt eine Skizze. Erkläre.

| auf dem Bild | 1 cm | 100 000 cm = 1 km | in der Wirklichkeit |

⑥ Rechne und zeichne wie Franzi und Samuel in Aufgabe 5.
a) 1 : 100   b) 1 : 1 000   c) 1 : 10 000   d) 1 : 1 000 000

1 Das ist der Grundriss von Bibus Haus.

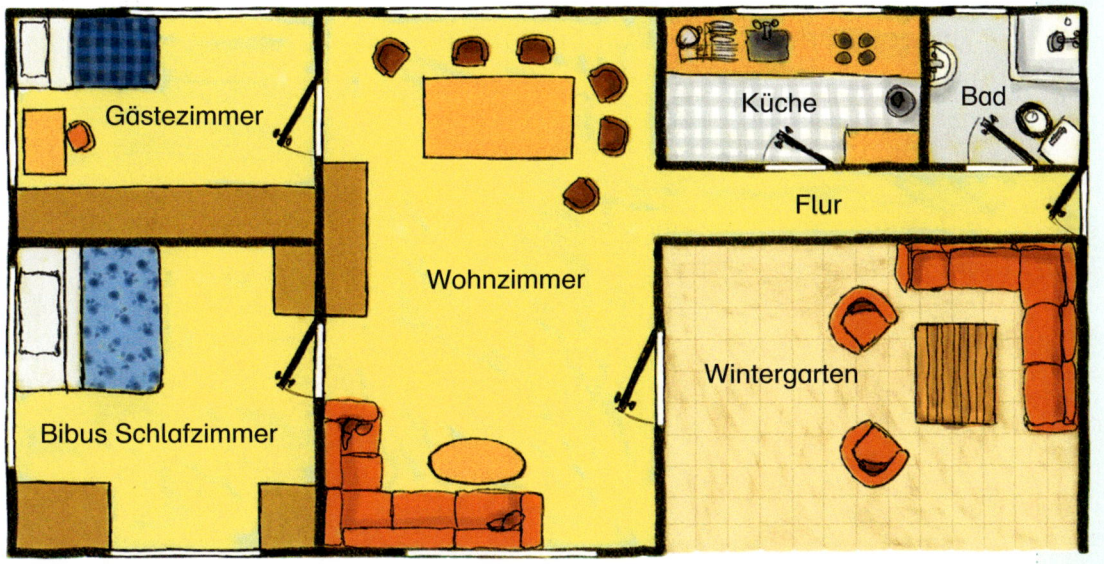

Erinnerst du dich?
100 cm = 1 m

Grundriss im Maßstab 1 : 100

a) Wie lang und wie breit ist Bibus Haus in Wirklichkeit?

b) Wie groß sind die einzelnen Räume? Lege eine Tabelle an.

· 100

		Grundriss	Wirklichkeit
Gästezimmer	lang:	4 cm	400 cm = 4 m
	breit:	☐ cm	☐ cm = ☐ m
Schlafzimmer	lang:	…	…
	breit:	…	…

c) Wie lang und breit ist Bibus Bett, Bibus Esstisch, Bibus Dusche, … ? Lege eine Tabelle an wie in b).

2 a) Zeichne den Grundriss zu deinem Traumhaus im Maßstab 1 : 100. Wie lang und wie breit ist dein Haus im Plan und in Wirklichkeit?

b) Welche Zimmer und Möbel gibt es in deinem Haus? Zeichne sie in den Grundriss ein. Wie groß sind sie? Lege eine Tabelle an wie in Aufgabe 1 b).

3 Rechne mit dem Maßstab 1 : 100. Übertrage die Tabelle in dein Heft und ergänze.

Plan	5 cm	11 cm	13 cm	15 cm		
Wirklichkeit					2 m	7 m

4 **ICH + DU** Überlegt, wo euch im Alltag maßstabsgetreue Abbildungen begegnen. Welche Vor- und Nachteile haben diese Darstellungen? Begründet.

ICH + DU
Erkundet Bibus Haus weiter und stellt euch Fragen dazu. Wechselt euch ab.

Suche dir ein Zimmer aus deinem Traumhaus aus und zeichne es im Maßstab 1 : 10. Wie groß sind das Zimmer und die Möbel im Plan und in Wirklichkeit?

Maßstab 1 : 100
1 cm im Plan entspricht 100 cm in der Wirklichkeit.

Bibu in Regensburg

1 Dies ist ein Ausschnitt aus dem Regensburger Stadtplan. Suche die Sehenswürdigkeiten vom Rand auf dem Plan. In welchem Planquadrat liegen Sie?

	Kindergärten/Kitas
	Schulen
	Krankenhaus
	Polizei
	Post
T	Taxistand
WC	öffentliche Toiletten
	Spiel- und Bolzplätze

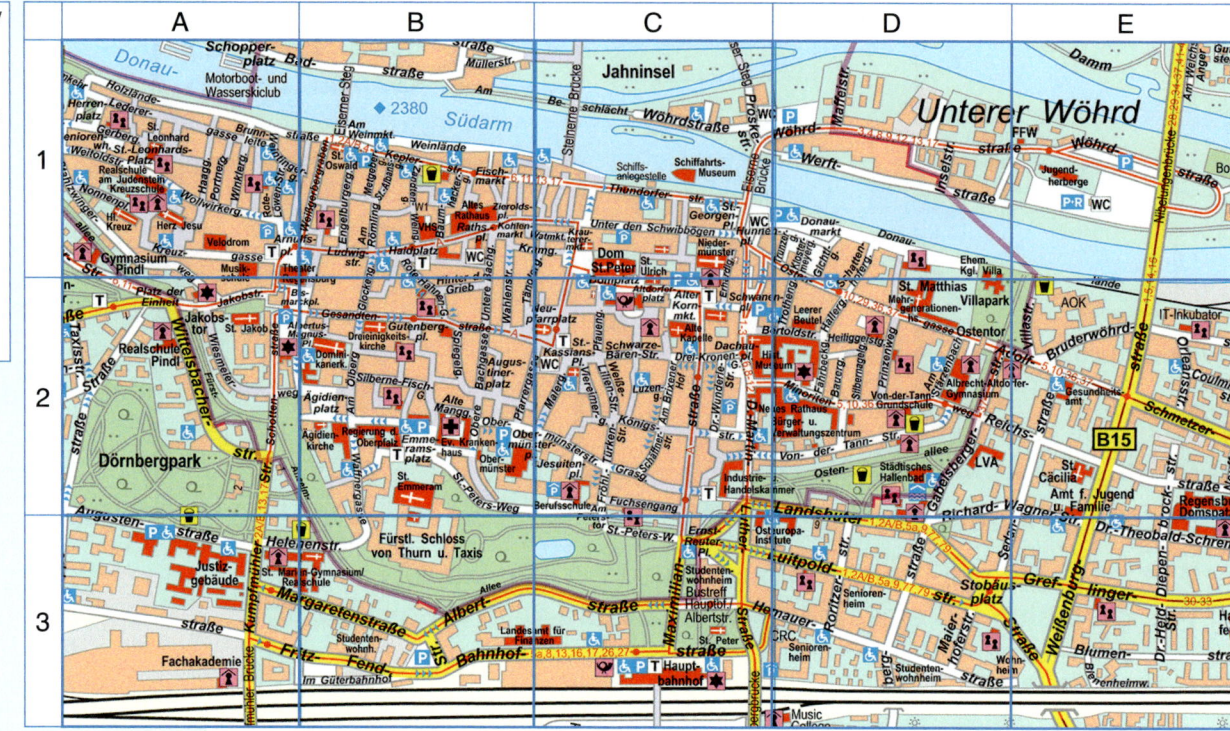

2 ICH + DU ▶ Nenne eine Sehenswürdigkeit. Dein Partnerkind nennt das Planquadrat und die Straße oder den Platz wo sich das Bauwerk befindet.

3 Bibu geht jeweils den kürzesten Weg. An welchen Sehenswürdigkeiten kommt er vorbei?
a) vom Alten Kornmarkt zum Alten Rathaus
b) vom Schloss Thurn und Taxis zum Dom
c) von der Steinernen Brücke zum Velodrom

4 ICH + DU + WIR ▶ Stellt einen Rundweg zusammen, bei dem Bibu alle Sehenswürdigkeiten besichtigen kann.

5 ICH + DU ▶ Zeige auf eine Stelle im Plan und nenne das Ziel, wohin du gehen willst. Dein Partnerkind beschreibt den Weg dorthin. Wechselt euch ab.

6 Informiere dich im Internet über die Stadt Regensburg und ihre Sehenswürdigkeiten.

7 ICH + DU + WIR ▶ Bringt einen Stadtplan von eurer Stadt mit und überlegt euch ähnliche Aufgaben.

Dom — Steinerne Brücke

Altes Rathaus — St. Emmeram

Alter Kornmarkt — Schloss Thurn und Taxis

Velodrom — Ostentor

Zusammenhang zwischen Längen in der Realität und in Lageplänen beschreiben

1 ICH + DU + WIR ▸ Welche Informationen könnt ihr der Karte entnehmen? In welchen Planquadraten liegen die Orte?

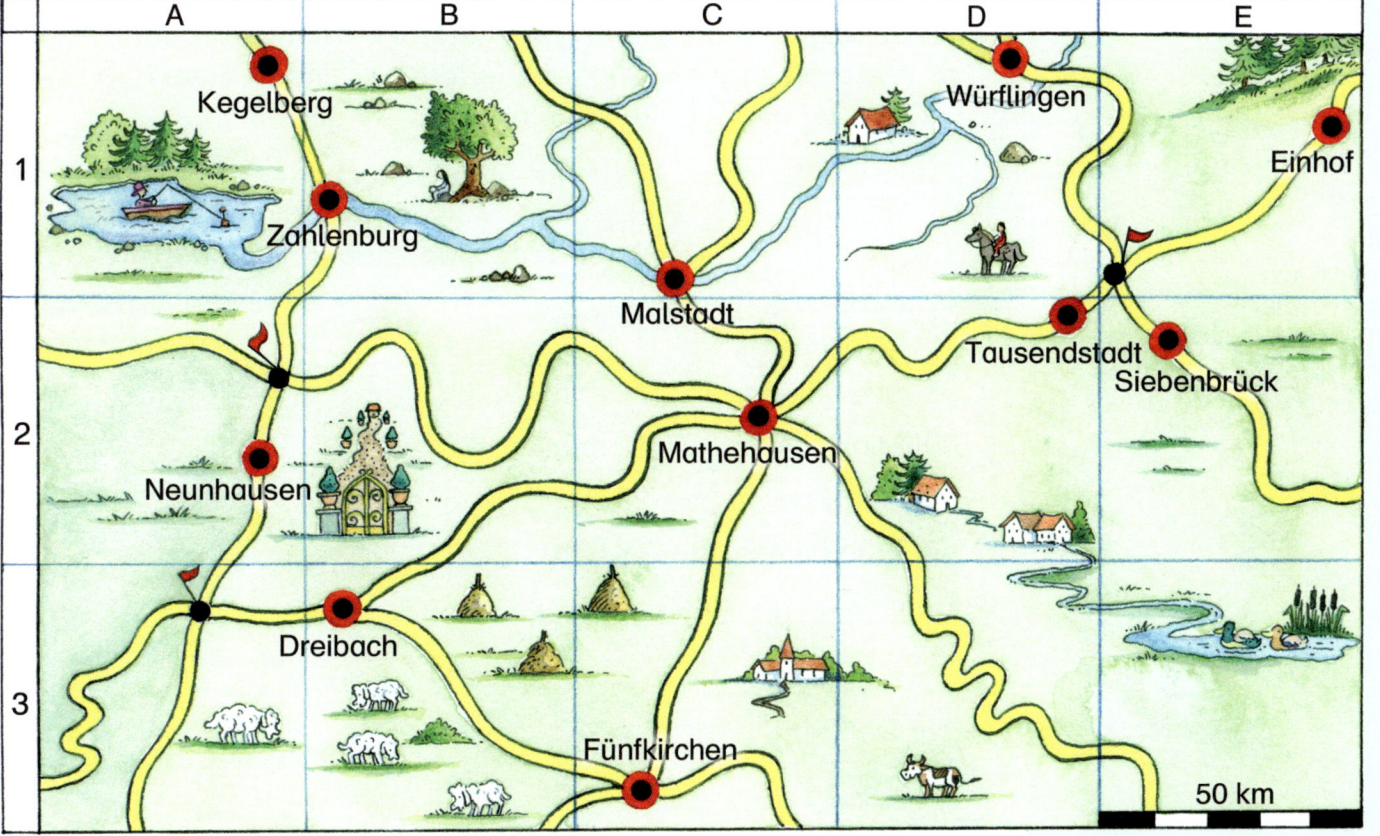

2 Bibu möchte von Mathehausen nach Tausendstadt.

a) Wie viele Kilometer sind die Orte ungefähr voneinander entfernt? Miss die Luftlinie zwischen den beiden Orten.

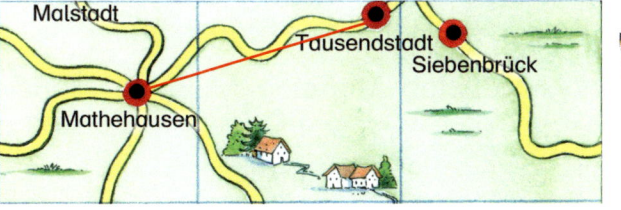

Miss die gerade Strecke und achte auf den Maßstab.

b) ICH + DU ▸ Wie viele Kilometer sind die Orte genau voneinander entfernt? Legt einen Wollfaden am Weg entlang und messt die Länge. Achtet auf den Maßstab.

3 Bibu möchte von Mathehausen nach Würflingen.

a) Miss die Luftlinie zwischen den beiden Orten.

b) Wie viele Kilometer sind die beiden Orte genau voneinander entfernt? Lege mit einem Wollfaden und miss.

c) Wie groß ist der Unterschied zwischen Luftlinie und genauer Strecke?

4 Wähle deine eigene Route durch das Matheland. Wie viele Kilometer sind es? Miss die Luftlinie und die genaue Strecke. Berechne den Unterschied.

Skizziere eine Karte zu einem Fantasieland deiner Wahl. Überlege dir einen passenden Maßstab und berechne die Entfernungen zwischen verschiedenen Orten auf deiner Karte.

ICH + DU ▸

Berechne die Luftlinie zweier Orte. Dein Partnerkind misst die Strecke genau. Vergleicht.

Groß und klein

1 Fine und Lukas interessieren sich für Insekten. Um Tiere genau zu betrachten, benutzen sie eine Lupe. Sie haben eine große Leselupe, die einen Gegenstand doppelt so groß zeigt und eine Einschlaglupe, die einen Gegenstand 8-fach vergrößert.

a) Wie groß sind die Lupenbilder der folgenden Tiere? Zeichne die Tabelle in dein Heft.

→ S. 136

Der Maßstab 2 : 1 bedeutet: Vergrößerung um das Doppelte.

		Länge in Wirklichkeit (Maßstab 1 : 1)	2-fach vergrößert (Maßstab 2 : 1)	8-fach vergrößert (Maßstab 8 : 1)
A	Haus-Feldwespe	14 mm	28 mm	112 mm = 11 cm 2 mm
B	Stechmücke	10 mm		
C	Stinkwanze	12 mm		
D	Feldgrille	23 mm		
E	Erdhummel	17 mm		

b) Zeichne die Strecken in dein Heft.

A: Haus-Feldwespe
Maßstab 1 : 1

Maßstab 2 : 1

Maßstab 8 : 1

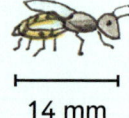

14 mm

2 Wie groß sind die Tiere in Wirklichkeit?

a) Übertrage die Tabelle in dein Heft und ergänze sie.

Achtung! Hier musst du auch dividieren.

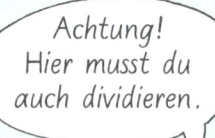

		Maßstab 1 : 1	Maßstab 2 : 1	Maßstab 4 : 1	Maßstab 8 : 1	Maßstab 100 : 1
A	Honigbiene			52 mm		
B	Hornisse		5 cm			
C	Junikäfer				144 mm	
D	Maikäfer			12 cm		
E	Hirschkäfer					500 cm
F	Ameise				64 mm	
G	Kreuzspinne		12 mm			
H	Kohlweißling					550 cm

b) Ordne die Tiere der Größe nach. Beginne mit dem kleinsten.
c) Forsche nach. Können deine Ergebnisse stimmen?

Informiere dich im Internet oder in einem Lexikon über die Tiere die du nicht kennst.

3 Erstellt eine ähnliche Tabelle zu weiteren Tieren für „Unser Mathebuch".

1

A C E F H I J L M
N O Q T V W Y Z

a) Welche dieser Buchstaben haben parallele Linien?
Zeichne diese Buchstaben mit dem Geodreieck und markiere
die parallelen Linien farbig.

b) Welche dieser Buchstaben haben rechte Winkel?
Zeichne sie ab und kennzeichne rechte Winkel so:

Bearbeite immer eine Aufgabe.
Wie konntest du sie lösen? Male im Heft passend dazu:

2 Zeichne um einen gleichen Mittelpunkt (M) Kreise mit Radius
r = 1 cm 5 mm und r = 2 cm 1 mm. Färbe den kleinen Kreis gelb
und den großen Kreis grün.

3 Zeichne die Figur in dein Heft und spiegle
sie sowohl an der waagerechten als auch
an der senkrechten Symmetrieachse.

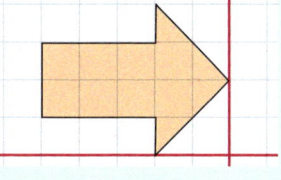

4 a) Aus welchen Flächenformen setzen sich diese Muster
zusammen?

b) Zeichne die Muster in dein Heft und setze sie zu
Parkettmustern fort: 16 Kästchen breit, 8 Kästchen hoch.

c) Zeichne, falls vorhanden, Symmetrieachsen in Rot ein.

A 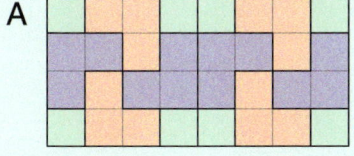   B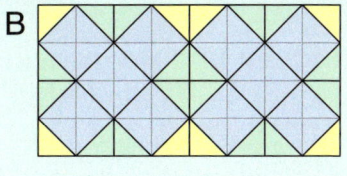

5 Übertrage die Zeichnung
in dein Heft und ergänze
sie zu einem
vollständigen
Quadernetz.

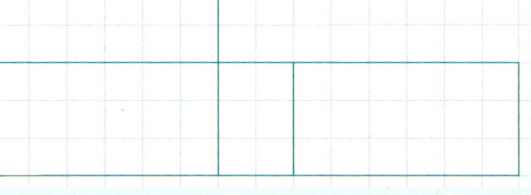

Alles fertig?
Überprüfe mit
Seite 82.

6 A    B    C    D

a) Zeichne zu jedem Gebäude den Bauplan.

b) Ergänze jedes Gebäude zu einem möglichst kleinen Quader.
Wie viele Einheitswürfel brauchst du noch?
Wie viele Einheitswürfel sind es insgesamt? Bestimme den
Rauminhalt.

c) Welcher Quader ist am größten?

Mit diesen Aufgaben kannst du üben:

1 a) Welche dieser Buchstaben haben parallele Linien?
Zeichne diese Buchstaben mit dem Geodreieck und markiere die parallelen Linien farbig.

E F H M N W Z

b) Welche dieser Buchstaben haben rechte Winkel?
Zeichne sie ab und kennzeichne rechte Winkel so: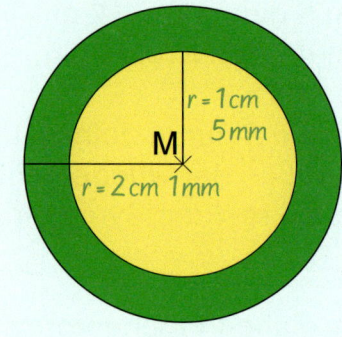

E F H L T

→ S. 64/5

2 Zeichne um einen gleichen Mittelpunkt (M) Kreise mit Radius r = 1 cm 5 mm und r = 2 cm 1 mm. Färbe den kleinen Kreis gelb und den großen Kreis grün.

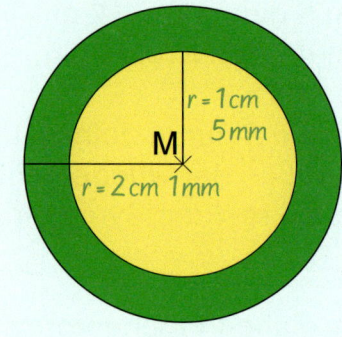

r = 1 cm 5 mm
M
r = 2 cm 1 mm

→ S. 66/4

3
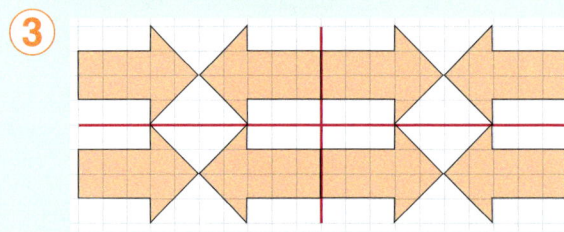

→ S. 68/2

4 a) A: aus Quadraten und Sechsecken
B: aus Dreiecken und Quadraten
b) und **c)**   A   B

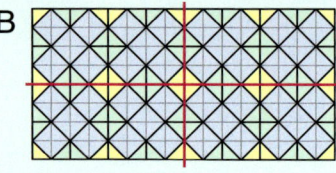

→ S. 69/2, 4

5 Übertrage die Zeichnung in dein Heft und ergänze sie zu einem vollständigen Quadernetz.

z.B.

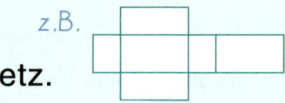

→ S. 72/4

6

A

2	2	4	2	2
0	0	3	0	0
0	0	2	0	0
0	0	1	0	0

B

3	4	5
2	0	0
1	0	0

C

3	4	3
2	3	2
0	1	1

D

2	0
2	2
1	1

a) Zeichne zu jedem Gebäude den Bauplan.
b) Ergänze jedes Gebäude zu einem möglichst kleinen Quader. Wie viele Einheitswürfel brauchst du noch? Wie viele Einheitswürfel sind es insgesamt? Bestimme den Rauminhalt.

A: insg. $4 \cdot 5 \cdot 4 = 80$ B: insg. $3 \cdot 3 \cdot 5 = 45$ C: insg. $3 \cdot 3 \cdot 4 = 36$ D: $3 \cdot 2 \cdot 2 = 12$
Es fehlen noch 62.   Es fehlen noch 30.   Es fehlen noch 17.   Es fehlen noch 4.

c) Welcher Quader ist am größten? *Quader A ist am größten.*

→ S. 74/1–3
S. 75/3

1 Wie lang sind die Strecken in Wirklichkeit?
Übertrage die Tabelle in dein Heft und ergänze die fehlenden
Angaben. Denke ans Umwandeln!

Maßstab / Strecke im Plan	10 cm	5 cm	15 cm	20 cm	2 cm	25 cm
1 : 10						
1 : 20						
1 : 50						
1 : 100						
1 : 500						
1 : 1 000						
1 : 10 000						

Bearbeite immer
eine Aufgabe.
Wie konntest du
sie lösen? Male
im Heft passend
dazu:

2 Das ist ein Wochenplan der Umzugsfirma Blitz und Schnell:

Kegelberg –
Zahlenburg

Neunhausen –
Dreibach

Malstadt –
Mathehausen

Würflingen –
Einhof

Mathehausen –
Fünfkirchen

Tausendstadt –
Siebenbrück

a) Der Umzugswagen fährt durchs Matheland.
In welchen Planquadraten der Matheland-Karte auf Seite 79
liegen jeweils Start und Ziel des Umzugswagens?

b) Wie viele km fährt der Umzugswagen an den einzelnen
Wochentagen ungefähr? Miss jeweils die Luftlinie zwischen
den beiden Orten.

c) Wie viele km sind die beiden Orte tatsächlich voneinander
entfernt? Miss die Wegtrecken genau.

d) Berechne den Unterschied zwischen Luftlinie und genauer
Strecke.

3 Dieser Marienkäfer ist 4-fach vergrößert dargestellt.

a) Wie groß ist der Marienkäfer in Wirklichkeit?
Zeichne die Strecke in dein Heft.

b) Wie groß ist der Marienkäfer im Maßstab 8 : 1?
Zeichne die Strecke in dein Heft.

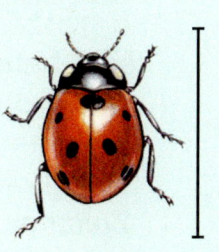

*Alles fertig?
Überprüfe mit
Seite 84.*

Mit diesen Aufgaben kannst du üben:

→ S. 76/2–6

1

Maßstab	Strecke im Plan 10 cm	5 cm	15 cm	20 cm	2 cm	25 cm
1 : 10	1 m	50 cm	1,50 m	2 m	20 cm	2,50 m
1 : 20	2 m	1 m	3 m	4 m	40 cm	5 m
1 : 50	5 m	2,50 m	7,50 m	10 m	1 m	12,50 m
1 : 100	10 m	5 m	15 m	20 m	2 m	25 m
1 : 500	50 m	25 m	75 m	100 m	10 m	125 m
1 : 1 000	100 m	50 m	150 m	200 m	20 m	250 m
1 : 10 000	1 km	500 m	1 km 500 m	2 km	200 m	2 km 500 m

2 Das ist ein Wochenplan der Umzugsfirma Blitz und Schnell:

MO — Kegelberg – A1 / Zahlenburg B1

DI — Neunhausen – A2 / Dreibach B3

MI — Malstadt – C1 / Mathehausen C2

DO — Würflingen – D1 / Einhof E1

FR — Mathehausen – C2 / Fünfkirchen C3

SA — Tausendstadt – D2 / Siebenbrück E2

a) Der Umzugswagen fährt durchs Matheland.
In welchen Planquadraten der Matheland-Karte auf Seite 79 liegen jeweils Start und Ziel des Umzugswagens?

b) Wie viele km fährt der Umzugswagen an den einzelnen Wochentagen ungefähr? Miss jeweils die Luftlinie zwischen den beiden Orten.

MO: 20 km; DI: 23 km; MI: 21 km; DO: 44 km; FR: 52 km; SA: 14 km

c) Wie viele km sind die beiden Orte tatsächlich voneinander entfernt? Miss die Wegtrecken genau.

MO: 20 km; DI: 42 km; MI: 28 km; DO: 80 km; FR: 53 km; SA: 19 km

d) Berechne den Unterschied zwischen Luftlinie und genauer Strecke.

MO: 0 km; DI: 19 km; MI: 7 km; DO: 36 km; FR: 1 km; SA: 5 km

→ S. 79/1–3

3 Dieser Marienkäfer ist 4-fach vergrößert dargestellt.

a) Wie groß ist der Marienkäfer in Wirklichkeit? Zeichne die Strecke in dein Heft.

7 mm

b) Wie groß ist der Marienkäfer im Maßstab 8 : 1? Zeichne die Strecke in dein Heft.

5 cm 6 mm

→ S. 80/1

1 A   B   C

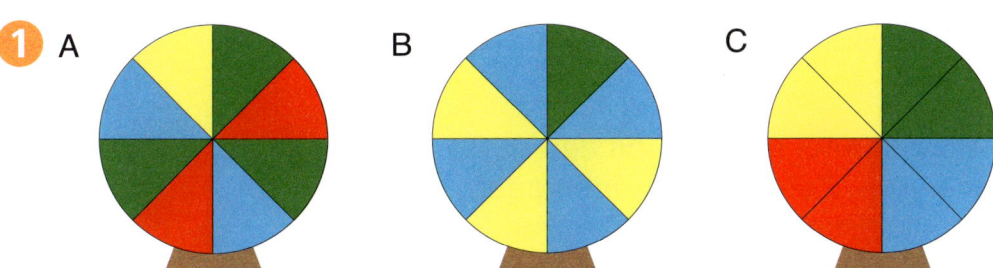

ICH Drehe jedes Glücksrad 20-mal und notiere deine Ergebnisse. Vermute zuerst, welche Farbe du am häufigsten drehst und begründe deine Meinung schriftlich.

DU + WIR Vergleiche die Ergebnisse mit denen anderer Kinder. Was stellst du fest? Notiere deine Entdeckungen.

2 Vermute, an welchen Glücksrädern aus Aufgabe 1 die Kinder gedreht haben. Begründe schriftlich.

Ben   Steffi   Hannes

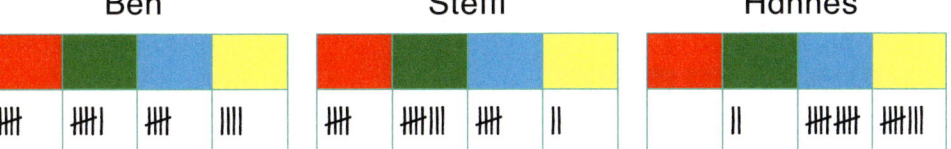

3 **ICH + DU + WIR** Stimmen die Aussagen der Kinder? Begründet schriftlich.

| | Anzahl der Felder auf dem Glücksrad | | | | |
	rot	grün	blau	gelb	insgesamt
Rad A	2	3			
Rad B					
Rad C					

Die Wahrscheinlichkeit, ein blaues Feld zu drehen, ist bei C am geringsten.

Es ist wahrscheinlicher, bei Rad A ein grünes Feld zu drehen als ein rotes.

Bei Rad B ist es gleich wahrscheinlich, ein gelbes oder blaues Feld zu drehen.

4 Verändere das Glücksrad A aus Aufgabe 1 so, dass es …
a) … wahrscheinlicher ist, ein blaues Feld zu drehen als ein grünes.
b) … gleich wahrscheinlich ist, ein rotes oder gelbes Feld zu drehen.
c) … wahrscheinlicher ist, ein gelbes oder rotes Feld zu drehen, als ein grünes.
Überprüfe deine Lösungen handelnd.

Du kannst dir dein eigenes Glücksrad basteln. Schlag nach auf Seite 129.

Eine Tabelle hilft euch.

Überprüfe die Aussagen der Kinder handelnd und finde weitere richtige Aussagen.

Überlege dir ähnliche Regeln für Rad B und C.

Bedingungen für einfache Zufallsexperimente systematisch variieren

AH Seite 46   **85**

Schriftlich multiplizieren

⏱ Seite 21, Aufgabe 11 Halbschriftlich multiplizieren

1 Steffi und Andi rechnen mit den Hunderter-, Zehner- und Einerkarten. Sie multiplizieren die Zahl 243 mit 2. Erkläre, wie sie rechnen.

Beginne bei den Einern.

Steffi schreibt so:

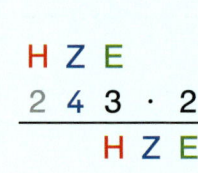

H	Z	E
2	4	3 · 2
H	Z	E
		6

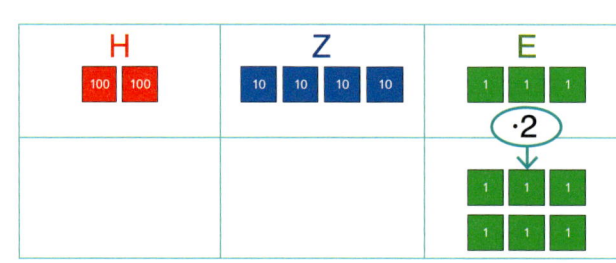

So multipliziert Andi: Er beginnt bei den Einern: 2 mal 3E gleich 6E

6E an

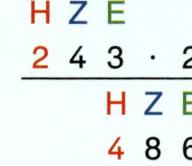

H	Z	E
2	4	3 · 2
H	Z	E
	8	6

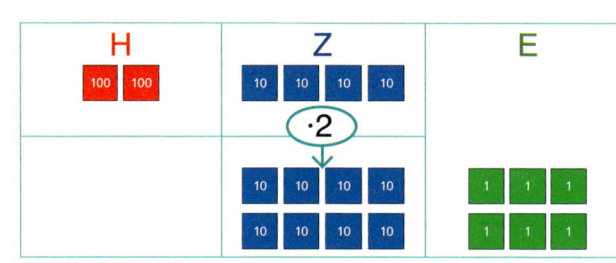

Dann multipliziert er die Zehner: 2 mal 4Z gleich 8Z

8Z an

H	Z	E
2	4	3 · 2
H	Z	E
4	8	6

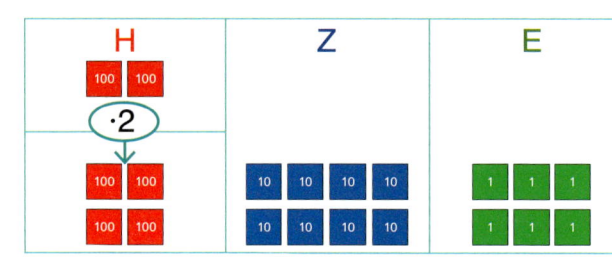

Zum Schluss multipliziert er die Hunderter: 2 mal 2H gleich 4H

 *4H an*

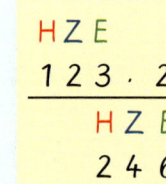

H	Z	E
2	4	3 · 2
H	Z	E
4	8	6

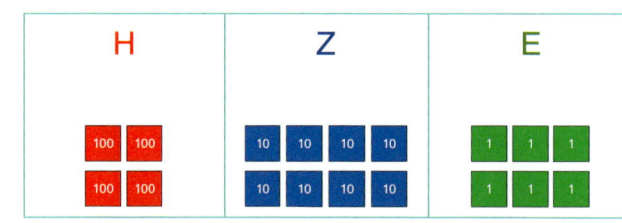

Andis Ergebnis:
4H 8Z 6E
4 8 6

2 Lege mit deinen Einer-, Zehner- und Hunderterkarten. Sprich dazu. Löse dann die Aufgabe schriftlich im Heft.

H Z E
1 2 3 · 2
H Z E
2 4 6

a) H Z E
1 2 3·2
PZ: 12

b) H Z E
2 1 3·2
PZ: 12

c) H Z E
1 0 3·3
PZ: 12

d) H Z E
2 3 0·3
PZ: 15

e) H Z E
4 1 3·2
PZ: 16

f) T H Z E
2 4 1 3·2
PZ: 20

g) T H Z E
4 3 0 1·2
PZ: 16

h) T H Z E
3 0 1 2·3
PZ: 18

i) T H Z E
3 4 2 0·2
PZ: 18

j) T H Z E
2 0 1 4·2
PZ: 14

3 Steffi und Andi rechnen mit den Hunderter-, Zehner- und Einerkarten. Sie multiplizieren die Zahl 242 mit 3. Erkläre, wie sie rechnen.

Andi schreibt so:

So multipliziert Steffi: Sie beginnt bei den Einern: 3 mal 2E gleich 6E

6E an

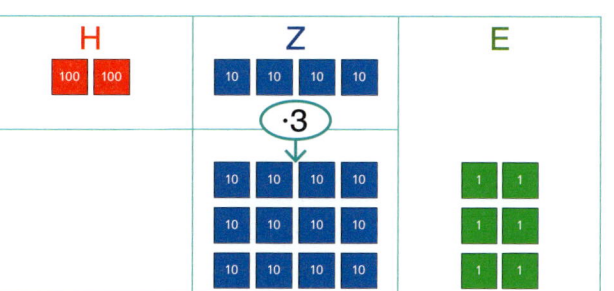

```
H Z E
2 4 2 · 3
  H Z E
      6
```

Dann multipliziert sie die Zehner: 3 mal 4Z gleich 12Z

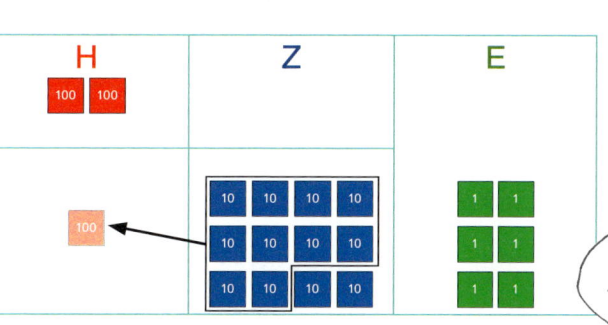

```
H Z E
2 4 2 · 3
  H Z E
      6
```

Sie wechselt 12Z: 10Z sind 1H

2Z an, 1H gemerkt

```
  H Z E
2 4 2 · 3
  H Z E
    2 6
```

Die gewechselte Zahl merke ich mir mit dem Finger.

  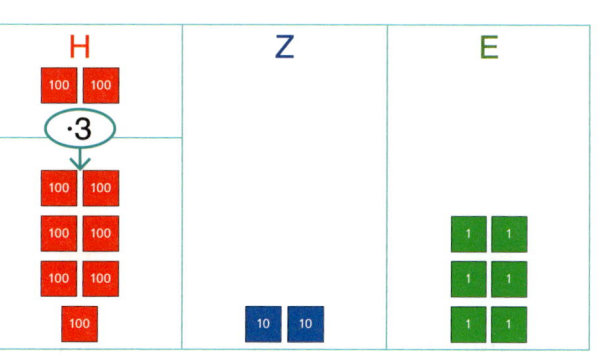

Zum Schluss multipliziert sie die Hunderter: 3 mal 2H gleich 6H 6H plus 1H gleich 7H

7H an

```
  H Z E
2 4 2 · 3
  H Z E
7   2 6
```

Steffis Ergebnis:
7H 2Z 6E
7 2 6

```
  H Z E
2 4 2 · 3
  H Z E
7 2 6
```

Schriftlich multiplizieren mit Einern

T H Z E
3 1 5 2 · 3
─────────
T H Z E
9 4 5 6

Sprich so:
3 · 2E = 6E, 6E an.
3 · 5Z = 15Z, 5Z an.
Ich wechsle 10Z in 1H,
1H gemerkt.
3 · 1H = 3H, 3H + 1H = 4H,
4H an.
3 · 3T = 9T, 9T an.

1 Lege mit deinen Tausender-, Hunderter-, Zehner- und Einerkarten. Sprich dazu. Löse dann die Aufgabe schriftlich.

a) T H Z E
3 1 5 2 · 3
PZ: 24

b) H Z E
1 5 2 · 4
PZ: 14

c) T H Z E
4 7 2 0 · 2
PZ: 17

d) ZT T H Z E
2 0 1 6 0 · 2
PZ: 9

2 Hier musst du mehrmals wechseln. Lege mit den Tausender-, Hunderter-, Zehner- und Einerkarten. Rechne dann schriftlich.

a) H Z E
3 0 6 · 7
PZ: 9

b) H Z E
9 8 1 · 6
PZ: 27

c) T H Z E
7 6 5 0 · 3
PZ: 18

d) T H Z E
6 0 9 4 · 5
PZ: 14

3 Multipliziere schriftlich. Was stellst du fest? Besprich dich mit deinem Partnerkind. Finde zwei weitere Aufgaben.

H Z E
1 2 3 · 5

H Z E
2 4 6 · 5

H Z E
4 9 2 · 5   …   …

Sprich kürzer:
8 · 3 = 24, 4 an, 2 gemerkt.
8 · 2 = 16, 16 + 2 = 18,
8 an, 1 gemerkt.
8 · 4 = 32, 32 + 1 = 33,
3 an, 3 gemerkt.
8 · 7 = 56, 56 + 3 = 59,
9 an, 5 gemerkt. 5 an.

T H Z E
7 4 2 3 · 8
─────────
ZT T H Z E
5 9 3 8 4

4 ICH + DU + WIR ▷ Achtung, Fehler! Erklärt und notiert, was hier falsch gemacht wurde. Rechnet richtig.

H Z E
5 2 0 · 4
─────
2 0 8

H Z E
8 1 7 · 9
─────
7 2 9 3

T H Z E
7 5 0 2 · 3
───────
2 2 5 6

ZT T H Z E
1 0 8 0 0 · 4
─────────
7 2 0 0

5 Rechne auf deinem Weg. Vergleiche mit deinem Partnerkind.

a) 7423 · 8
397 · 7

b) 555 · 5
8079 · 2

c) 4352 · 9
2653 · 8

d) 5083 · 6
4895 · 7

e) 7484 · 9
3058 · 5

2 775, 2 779, 15 290, 16 158, 21 224, 30 498, 34 265, 39 168, 59 384, 67 356

6 Rechne wie im Merksatz. Überschlage zuerst.

Ü: 300 · 5 = 1500
2 8 6 · 5
─────
1 4 3 0

a) 286 · 5
724 · 3
596 · 6
178 · 2

b) 821 · 9
689 · 4
425 · 8
999 · 9

c) 9077 · 4
7503 · 6
9549 · 9
9026 · 5

d) 8214 · 6
8070 · 8
1056 · 4
3501 · 8

Schriftlich multiplizieren

Zuerst die Einer multiplizieren.

2 8 6 · 5
─────
0

Beim Wechseln Merkfinger ausstrecken. Weiter von rechts nach links.

2 8 6 · 5
─────
1 4 3 0

7 Finde die fehlenden Ziffern. Wie gehst du vor? Beschreibe.

a) 3 7 6 · 4
❀❀0 4

b) 8❀5 · 5
4 0 2❀

c) ❀3 7 9 · ❀
5 5 1 6

d) 1 8❀4 · ❀
❀❀5 1 2

e) 1 7❀4 · 6
❀❀4 0 4

f) 3❀1 7 · ❀
❀8 9 5 3

g) 4 4 4❀ · 6
2❀6 6 4

h) 3❀4❀ · 8
2 4❀6 8

i) 4 2❀❀ · 6
2❀2 1 8

j) ❀0❀2 · 7
6❀3 6❀

8 Erfinde ähnliche Klecksaufgaben für „Unser Mathebuch".

1 Die 60 Schüler der 4. Klassen in der Rechenbergschule haben ein Jahrbuch gestaltet – 128 Seiten mit Bildern, Fotos und Geschichten. Jedes Kind soll ein Jahrbuch bekommen.

F: Wie viele Kopien müssen insgesamt gemacht werden, damit alle Viertklässler ein Jahrbuch erhalten?

a) **ICH + DU + WIR** Wie rechnest du? Wie rechnen andere? Vergleicht eure Rechenwege.

b) So überlegen und rechnen die Kinder. Erkläre.

128 Seiten, 60 Kinder. Wir brauchen 128 mal 60 Kopien.

Ich überschlage: $100 \cdot 60 = 6\,000$ Ungefähr 6 000.

Ich rechne $128 \cdot 6 \cdot 10$. $128 \cdot 6 = 768$ also ist $768 \cdot 10 = 7\,680$.

Marie   Resul   Julia

c) Armin multipliziert schriftlich. Erkläre.

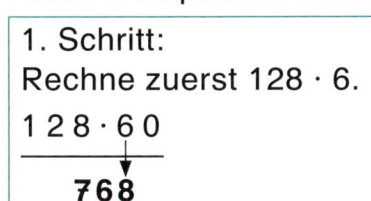
1. Schritt:
Rechne zuerst $128 \cdot 6$.
$128 \cdot 6\,0$
_____
76**8**

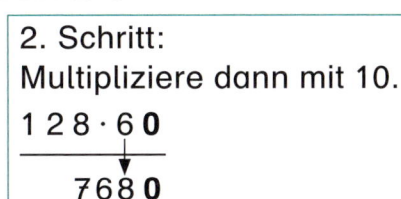
2. Schritt:
Multipliziere dann mit 10.
$128 \cdot 6\,\mathbf{0}$
_____
76**8** **0**

2 Überschlage zuerst und multipliziere dann.

a)	b)	c)	d)	e)
$923 \cdot 20$	$869 \cdot 70$	$5419 \cdot 70$	$5476 \cdot 60$	$5419 \cdot 50$
$426 \cdot 40$	$124 \cdot 80$	$8902 \cdot 80$	$5309 \cdot 80$	$8902 \cdot 70$
$502 \cdot 30$	$237 \cdot 50$	$6450 \cdot 90$	$7218 \cdot 70$	$6459 \cdot 90$

9 920, 11 850, 15 060, 17 040, 18 460, 60 830, 270 950, 328 560, 379 330, 424 720, 505 260, 580 500, 581 310, 623 140, 712 160

3 Die Blätter für das 128-seitige Jahrbuch werden auf der Vorder- und der Rückseite bedruckt.

F: Wie viel Blatt Papier braucht man für 60 Jahrbücher?

4 Finde die fehlenden Ziffern. Wie gehst du vor? Beschreibe.

a) $743 \cdot 90$
_____
6✳87✳

b) ✳41 · 6✳
_____
14✳6✳

c) 8✳32 · 70
_____
5972✳✳

d) 8416 · ✳0
_____
6✳328✳

Einfach eine 0 dazu.

Ü: $900 \cdot 20 = 18\,000$
$923 \cdot 20$
_____
18 460

Erfinde ähnliche Klecksaufgaben für „Unser Mathebuch".

Multiplizieren mit zweistelligen Zahlen

Seite 20, Aufgabe 3   Halbschriftlich multiplizieren

Kreuzzahlen!

Rechne die Aufgabenpaare. Was fällt dir auf?

12 · 63 21 · 36	23 · 64 32 · 46
43 · 68 34 · 86	41 · 28 14 · 82

Probiere auch mit anderen Zahlen. Findest du ebenso ein Aufgabenpaar?

①

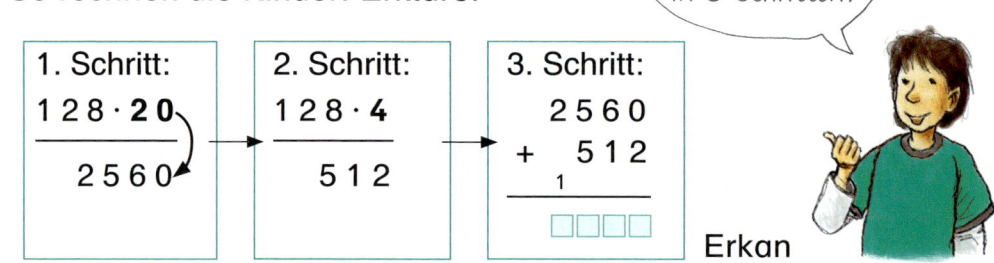

128 · 24 = ☐

ICH + DU + WIR Wie rechnest du?
Wie rechnen andere?
Erklärt euch eure Tricks.

② So rechnen die Kinder. Erkläre.

Ich rechne in 3 Schritten.

1. Schritt:
128 · **20**
2560

2. Schritt:
128 · **4**
512

3. Schritt:
2560
+ 512
  1
☐☐☐☐

Erkan

Das ⊕ Zeichen und die Gemerktzahl denke ich mir im Kopf dazu.

So geht's schneller: drei Rechnungen, ein Eintrag!

Luisa

128 · 2 4
2560
512
Summe ☐☐☐☐

Zehner-Multiplikationsaufgabe

Einer-Multiplikationsaufgabe

169 · 35
5070
 845
5915

③ Multipliziere schriftlich.

a) **169 · 35**   b) 920 · 13   c) 2089 · 72   d) 6386 · 88   e) 9999 · 99
294 · 18   985 · 37   9623 · 68   5297 · 74   6328 · 77
507 · 41   740 · 83   2198 · 33   9061 · 81   5063 · 46

5 292, 5 915, 11 960, 20 787, 36 445, 61 420, 72 534, 150 408, 232 898, 391 978, 487 256, 561 968, 654 364, 733 941, 989 901

④ Rechne auf deinem Weg. Vergleiche mit deinem Partnerkind.

a) 263 · 41   b) 215 · 72   c) 3506 · 25   d) 5372 · 38   e) 2957 · 87
872 · 62   420 · 83   1436 · 49   3189 · 56   4083 · 74

10 783, 15 480, 34 860, 54 064, 70 364, 87 650, 178 584, 204 136, 257 259, 302 142

Schriftlich multiplizieren mit zweistelligen Zahlen

128 · 2 4
2560
512
3072

Zehner-Aufgabe

Einer-Aufgabe

Summe

⑤ Die 21 Kinder der 4a erhalten ihre 128-seitigen Jahrbücher. Das Kopieren hat je Seite 17 ct gekostet.
a) F: Wie viele Buchseiten erhalten sie insgesamt?
b) F: Wie viel hat ein Jahrbuch gekostet?
c) F: Wie viel haben die Bücher für die Klasse 4a gekostet?

⑥ **ICH + DU + WIR** Stellt euch vor, ihr gestaltet ein Jahrbuch für eure Klasse (für alle 4. Klassen). Wie viele Bücher braucht ihr? Wie viele Blätter sind es? Wie viel kosten die Bücher?

Multiplizieren mit Euro und Cent

1 Ein Klassenfoto kostet 5,45 €.

F: Wie viel kosten die Fotos für 28 Kinder?

a) **ICH + DU + WIR** ➤ Wie rechnest du? Wie rechnen andere? Vergleicht eure Rechenwege.

b) So rechnet Hanna. Erkläre.

> Ich wandle in Cent um.

```
    5 4 5 · 2 8
   1 0 9 0 0
      4 3 6 0
   1 5 2 6 0

   1 5 2 6 0 ct = 1 5 2, 6 0 €
```

c) Armin, Marie und Simon machen zuerst einen Überschlag. Welcher Überschlag kommt dem Ergebnis am nächsten? Warum ist das so? Begründe schriftlich.

> 500 · 20 = 10 000

> 500 · 30 = 15 000

> 600 · 30 = 18 000

Armin

Marie

Simon

2 Multipliziere schriftlich. Schreibe dein Ergebnis als Kommazahl. Überprüfe mit dem Überschlag.

a) 25,53 € · 17
   30,57 € · 72
   2 € 38 ct · 31
   9,99 € · 47

b) 334,25 € · 28
   45,09 € · 45
   17 € 10 ct · 29
   15 € 4 ct · 55

c) 72 € 15 ct · 45
   7,49 € · 64
   21,82 € · 23
   2 € 50 ct · 76

73,78 €; 190,00 €; 434,01 €; 469,53 €; 479,36 €; 495,90 €; 501,86 €;
827,20 €; 2 029,05 €; 2 201,04 €; 3 246,75 €; 9 359,00 €

3 Achtung, Fehler! Erklärt und notiert, was hier falsch gemacht wurde. Rechnet richtig.

3,24 € · 89
```
3 2 4 · 8 9
2 5 9 2
2 9 1 6
5 5 0 8

5 5 0 8 ct
= 5 5, 0 8 €
```

25,07 € · 47
```
2 5 0 7 · 4 7
1 0 0 0 8
1 7 5 0 9
1 1 7 5 8 9

1 1 7 5 8 9 ct
= 1 1 7 5, 8 9 €
```

12 € 3 ct · 64
```
1 2 3 · 6 4
7 3 8
4 9 2
7 8 7 2

7 8 7 2 ct
= 7 8, 7 2 €
```

Wie viel würden die Klassenfotos für deine Klasse kosten, wenn ein Foto 5,99 € kostet?

Erfinde eine eigene Rechengeschichte zum Multiplizieren mit Euro und Cent.

> Denke ans Umwandeln.

Erfinde weitere ⊙ Aufgaben mit Euro und Cent.

Ist der Durchschnittspreis tatsächlich 9 €? Überprüfe. Addiere alle Einzelpreise und dividiere durch die Anzahl der Bücher.

Du hast 75 Euro. Welche Bücher würdest du auswählen? Berechne den Gesamtpreis.

Sonderangebot nur 2,95 €

Finde eigene Rechenfragen zur Einkaufsliste.

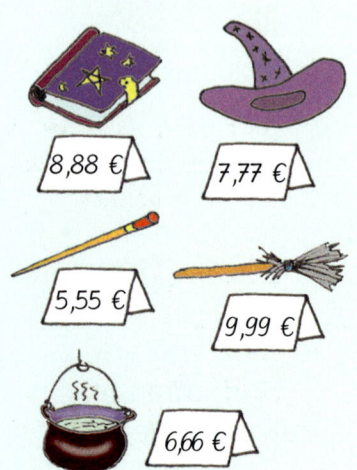

8,88 €

7,77 €

5,55 €

9,99 €

6,66 €

Die Klassenbücherei

1 Die Klasse 4b möchte eine Klassenbücherei einrichten. Neben Bücherspenden haben sie dafür auch Geldspenden von Eltern bekommen. Insgesamt sind 56 Euro zusammengekommen. In der Klassenkasse sind noch 25 Euro. Diesen Betrag möchten sie ebenfalls in neue Bücher investieren.

a) F: Wie viel Geld steht ihnen insgesamt zur Verfügung?

b) F: Wie viele Bücher können sie kaufen, wenn der Durchschnittspreis für ein Buch bei ungefähr 9 € liegt?

c) F: Kann die Klasse alle Bücher, die zur Auswahl stehen, kaufen? Berechne den Gesamtpreis.

6,95 €   7,99 €   10,90 €   4,95 €   5,95 €

5,90 €   17,95 €   8,90 €   9,95 €   12,95 €

2 In der Klasse 4b soll eine Lektüre gelesen werden. Die Lehrerin hat ein Sonderangebot entdeckt. Ein Buch kostet nur 2,95 €. In der 4b sind 26 Kinder. Auch die Lehrerin braucht ein Buch.

a) F: Wie viel muss die Lehrerin ungefähr bezahlen? Überschlage.

b) F: Wie viel kosten die Taschenbücher insgesamt? Berechne den genauen Preis und vergleiche mit deinem Überschlag.

3 Die Klasse 4b veranstaltet eine Lesenacht mit dem Motto „Zauberschule". Für das Frühstück hat die Lehrerin eine Einkaufsliste erstellt.
F: Wie viel kostet das Frühstück insgesamt?

Einkaufsliste

27 Vollkornstangen 0,50 €
16 Brezenstangen 0,45 €
27 Semmeln 0,35 €
20 Äpfel/Bananen/ Orangen 0,50 €
27 Milch/Kakao 0,60 €
14 Saft 0,65 €
14 Wasser* 0,45 €
* zuzüglich 0,25 € Pfand

4 Die Zauberschule braucht 44 Zauberbücher, 99 Zauberhüte, 66 Zauberstäbe, 77 Zauberbesen und 33 Zauberkessel.

a) F: Wie viel bezahlt die Zauberschule insgesamt für jeden Gegenstand?

b) F: Wie viel kosten alle Anschaffungen zusammen?

c) Beim Kauf von 10 Stück gibt der Zauberladen immer ein 11. Stück gratis dazu.
F: Wie viel kann die Zauberschule sparen?

AH Seite 49   Sachsituationen mit Größen lösen; Informationen zu Größen aus verschiedenen Quellen entnehmen

Alle kaufen ein

5 Sara bekommt eine neue Einrichtung für ihr Kinderzimmer. Sie schaut sich ein Prospekt an und findet viele Sonderangebote.

a) F: Wie viel kostet die komplette Zimmereinrichtung? Überschlage zuerst. Berechne dann den Gesamtpreis.

b) F: Wie viel hätte die Einrichtung ohne Sonderangebote gekostet? Wie viel können Saras Eltern sparen?

c) **ICH + DU** Sara hätte gerne noch eine Couch, damit eine Freundin bei ihr übernachten kann. Ihre Eltern möchten auf keinen Fall mehr als 2 000 € für das komplette Kinderzimmer ausgeben. Findet eine Lösung.

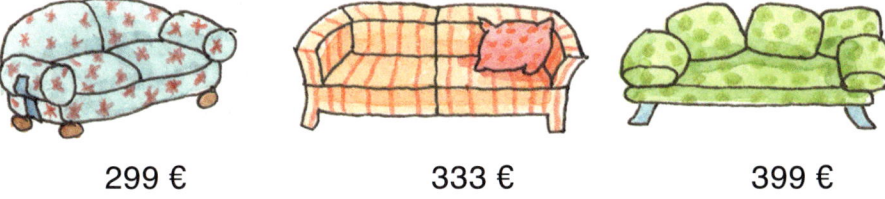

299 €   333 €   399 €

6 Simon wünscht sich eine neue Ski-Ausrüstung. Er hat bereits 321,68 € gespart. Die Ausrüstung, die ihm am besten gefällt, kostet im Set 450,19 €. Fast alles, was er braucht, ist dabei: ein Paar Ski für 129,95 €, ein Helm für 61,80 €, eine Skihose für 58,99 €, eine Jacke für 75,50 €, ein Paar Skistiefel für 109 € und Skistöcke für 14,95 €. Er bräuchte nur noch eine Skibrille für 27,90 € und ein Paar Handschuhe für 20 €.

a) F: Wie viel Geld fehlt Simon für die komplette Skiausrüstung mit Brille und Handschuhen?
   Überschlage zuerst. Rechne dann genau.

b) Simon hat eine günstigere Ausrüstung für 207 € entdeckt. Dazu bräuchte er allerdings neben der Skibrille und den Handschuhen noch einen Skihelm für 65,90 €.
   F: Reichen Simons Ersparnisse?
   Kannst du die Frage mit einer Überschlagsrechnung beantworten? Begründe deine Entscheidung schriftlich.

Sammelt Prospekte von Möbelhäusern oder forscht im Internet nach. Stellt euch ein eigenes Kinderzimmer zusammen. Wie viel kostet es?

Informiert euch über Preise zu euren Hobbys in Geschäften, in Katalogen oder im Internet.

Erfinde ähnliche Aufgaben für „Unser Mathebuch".

$$\begin{array}{r} 859 \ ct \\ + \ 124\,334 \ ct \\ \scriptstyle 1 \quad 1 \\ \hline 125\,193 \ ct \end{array}$$

125 193 ct = 1251,93 €
oder:

$$\begin{array}{r} 8{,}59 \ € \\ + \ 124\,3{,}34 \ € \\ \scriptstyle 1 \quad 1 \\ \hline 125\,1{,}93 \ € \end{array}$$

Gib deine Ergebnisse in einer sinnvollen Einheit an, unter der du dir etwas vorstellen kannst.

Alle Einheiten auf einen Blick!

1 € = 100 ct

1 km = 1 000 m
1 m = 100 cm
1 cm = 10 mm

1 kg = 1 000 g

1 l = 1 000 ml

① € und ct

Wandle in eine gemeinsame Einheit um und rechne.
Gib das Ergebnis mit Komma an.

a) 859 ct + 1 243,34 € b) 2 748 ct + 145,40 €
c) 265 € − 26,40 € − 5 ct d) 34 165 € + 4 ct + 4,40 €
e) 453,52 € + 12 € + 24 ct f) 23 543,57 € − 25 453 ct
g) 843,50 € − 12 347 ct h) 32 864 € − 143,43 €
i) 859 374 € − 27 ct − 185,60 € j) 965 € + 98,50 € + 23,45 €

172,88 €; 238,55 €; 465,76 €; 720,03 €; 1 086,95 €; 1 251,93 €;
23 289,04 €; 32 720,57 €; 34 169,44 €; 859 188,13 €

② km, m, cm, mm

Wandle in eine gemeinsame Einheit um und rechne.
a) 78 mm + 712 mm + 2 cm 5 mm + 18 cm 5 mm
b) 598 cm + 90 m − 98 cm + 10,80 m
c) 3,79 m + 270 cm − 79 cm + 0,3 m
d) 830 km + 47 800 m − 189 km + 1 200 m
e) 5 km + 500 m + 5 000 cm + 5 000 mm

6 m; 100 cm; 105,8 m; 690 km; 5 555 m

③ kg und g

Wandle in eine gemeinsame Einheit um und rechne.
a) 2 880 g + 16 kg b) 89 kg − 3 050 g
c) 92 kg − 530 g − 8 kg d) 97 g + 72 923 g + 50 kg
e) 105 903 kg − 309 000 g f) 38 g + 2 098 g + 5 kg

7 kg 136 g; 18 kg 880 g; 83 kg 470 g; 85 kg 950 g; 123 kg 20 g; 105 594 kg

④ l und ml

Wandle in eine gemeinsame Einheit um und rechne.
a) 7 594 ml + 8 l + 408 ml + 32 l
b) 750 ml + 125 ml + $\frac{1}{2}$ l + 125 ml
c) 1 500 ml − 75 ml + $\frac{3}{4}$ l − 425 ml
d) 1 l 750 ml + 270 ml + 3$\frac{1}{2}$ l
e) 364 ml + $\frac{1}{4}$ l − 555 ml + 1 l 941 ml

1 l 500 ml; 2 l; 5 l; 5 l 520 ml; 48 l 2 ml

⑤ Achte auf die Einheit!

Wandle in eine gemeinsame Einheit um und rechne.
a) 5 km 756 m + 8 395 m + 83 km
b) 9 317 € − 658,50 € − 32 890 ct
c) 5 491 ml − 2 $\frac{1}{4}$ l + 3 l 259 ml
d) 27 810 g + 23 599 g + 197 kg
e) 950 mm − 3 cm + 2 m 5 cm

⑥ Mit Einheiten multiplizieren und dividieren.

a) 70 € 98 ct · 45 b) 7 km 819 m · 62 c) 15 300 ml : 9
d) 9 270 kg : 30 e) 3 · 192 138 € f) 952 mm : 8
g) 3 598 l · 87 h) 20 507 ct · 19 i) 93 798 g · 7

Abkürzungen zu den standardisierten Maßeinheiten verwenden; Einheiten umwandeln

7 **ICH + DU + WIR** Wie teilen wir unsere Zeit ein? Erstellt eine Übersicht. Achtet auf Besonderheiten!

Wie viele Minuten hat eigentlich ein Tag?

Lass mich überlegen: 1 Tag hat 24 Stunden, 1 Stunde hat …

Finde heraus, wann Schaltjahre sind. Warum kann das für deine Übersicht wichtig sein?

Ich kürze ab:
s = Sekunden
min = Minuten
h = Stunden
T = Tage

8 s, min, h, T

Wie viele Sekunden sind es? Rechne um.

a) 17 min   b) 1 h   c) 3 h 30 min   d) 1 T

e) 5 T   f) 1 T 2 h   g) 1 T 30 min   h) 1 T 2 h 15 min

i) 23 h 19 min   j) 10 h 10 s   k) 18 h 5 min 56 s   l) 9 h 2 min 58 s

9 Tage, Wochen, Monate

a) Wie viele Stunden hat eine Woche?

b) Wie viele Stunden hat der Monat November?

c) Wie viele Minuten hat eine Woche?

d) Wie viele Minuten hat der Monat Mai?

e) Wie viele Minuten hat der Monat Juni?

Überlege dir ähnliche Fragen und rechne.

10 **ICH + DU** Stelle eine Frage zu Zeitdauern. Dein Partnerkind rechnet und antwortet. Wechselt euch ab.

Wie viele Sekunden dauert eine Schulstunde?

Wie viele Sekunden alt wird eine Eintagsfliege, wenn sie genau 1 Tag lebt?

Wie viele Unterrichtsstunden mit 45 Minuten passen in einen Tag?

11 Wandle in eine gemeinsame Einheit um und rechne.

a) 240 h + 7 T + 32 h + 3 600 s

b) $\frac{1}{2}$ h − 180 s + 3 min + 60 min

c) $3\frac{1}{4}$ h + 6 h 45 min + 10 h 30 min + 210 min

d) 360 s − 1 min + 105 s + 75 s + 3 min + $\frac{3}{4}$ h

Wie viel Zeit verbringst du in deinem Leben in der Schule?

12 Resul misst die Zeit, wie lange sein Schultag dauert. Als er morgens das Haus verlässt schaut er auf die Uhr: Es ist 7.27 Uhr. Er notiert sich folgende Zeiten:

18 min + $\frac{1}{4}$ h + 45 min + 45 min + 20 min + $\frac{3}{4}$ h + $\frac{3}{4}$ h + 10 min + 45 min + 18 min

a) Überlege, wofür die Zeitspannen stehen könnten.

b) F: Wie lange dauert Resuls Schultag insgesamt?

c) F: Um wie viel Uhr endet Resuls Schultag?

Wie lange dauert dein Schultag? Notiere die Zeitspannen und rechne.

1 T = 24 h
1 h = 60 min
1 min = 60 s

Das Navigationssystem erhält laufend Signale von Satelliten aus dem Weltall. Aus diesen Signalen wird berechnet, wo sich das Auto gerade befindet.

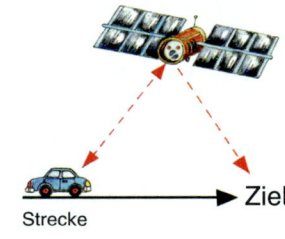

Strecke → Ziel

Tipp: Rechne die Einheiten um und dividiere halbschriftlich.

Überlege dir eine Route von deinem Heimatort zu deinem Wunschziel in Bayern. Gib deine Orte in ein Navi oder einen Routenplaner im Internet ein. Wie weit ist der Zielort entfernt? Wie lange dauert die Fahrt dorthin? Berechne die Durchschnittsgeschwindigkeit.

1 Resuls Vater hat ein neues Navigationssystem im Auto.

a) **ICH + DU + WIR** ▶ Welche Informationen könnt ihr dem Bildschirm entnehmen? Tauscht euch aus.

b) Im Moment zeigt das Navi eine Entfernung von 60 km und eine vermutliche Fahrzeit von 1 Stunde bis zum Ziel an.
F1: Wann ist die voraussichtliche Ankunftszeit?
F2: Wie viele km fährt das Auto ungefähr in einer Minute? Berechne die Durchschnittsgeschwindigkeit.

c) Nach 30 Minuten zeigt das Navi noch 45 km Reststrecke an.
F: Wie hoch war die Durchschnittsgeschwindigkeit in den letzten 30 Minuten?

d) **ICH + DU + WIR** ▶ Was könnte die Ursache für die veränderte Geschwindigkeit sein? Besprecht euch in der Klasse.

2 Luisa fährt mit ihrer Mutter die Oma besuchen. Das Navi zeigt eine Entfernung von 40 km und eine Restzeit von 50 min bis zum Ziel an.

a) F: Mit welcher Durchschnittsgeschwindigkeit rechnet das Navigationsgerät?

b) Es ist 11.45 Uhr. Sie wollen pünktlich um 12.30 Uhr zum Mittagessen ankommen. Schaffen sie das noch?

3 Samuel macht mit seinen Eltern einen Tagesausflug in die Berge. Das Ausflugsziel ist 173 km entfernt. Samuel überlegt: „Wenn wir in einer Minute durchschnittlich 1 km fahren, kommen wir gegen 11.27 Uhr an."

a) F: Wann sind Samuel und seine Eltern losgefahren? Eine Skizze kann dir helfen.

b) Um 11.00 Uhr schaut Samuel auf das Navi. Sie haben erst 124 km geschafft.
F: Um wie viele Minuten verzögert sich die Ankunftszeit, wenn sie bei der restlichen Strecke 1 km in der Minute fahren?

Informationen zu Größen aus verschiedenen Quellen entnehmen

Sachaufgaben verkürzen

1 Der Zoo in Rechenberg kauft ein. Im Eisbärengehege sind
2 Tiere, Kurti und Elli. Jedes Tier frisst pro Tag 12 Fische.
Montags muss Kurti fasten. Im Pinguinbecken sind 13 Tiere,
jedes von ihnen frisst pro Tag 7 Fische. Königspinguin Hakan
muss montags und donnerstags fasten. Seerobbe Robbi lebt
mit 5 weiteren Artgenossen im Becken, jedes dieser Tiere frisst
8 Fische am Tag, Robbi muss mittwochs fasten.
F: Wie viele Fische braucht der Zoo pro Woche?

a) **ICH + DU + WIR** ▶ Wie könnt ihr den langen Text in kürzere
Abschnitte zerlegen? Wie geht ihr vor? Tauscht euch aus.

b) So zerlegt und rechnet Marie. Erkläre.

Puh, ist das ein langer Text! Ich zerlege in sinnvolle Abschnitte.

Ich überlege zuerst, wie viele Fische die Eisbären bekommen.

Im Eisbärengehege sind 2 Tiere
… jedes Tier frisst pro Tag 12
Fische. Montags muss Kurti
fasten.

Die Woche hat 7 Tage.

Elli: 7 · 12 Fische = ☐ Fische
Kurti: ☐ · 12 Fische = ☐ Fische
insgesamt: ☐ + ☐ = ☐ Fische

Dann berechne ich, wie viele Fische die Pinguine bekommen.

Im Pinguinbecken sind 13 Tiere,
jedes … frisst pro Tag 7 Fische
… Hakan muss montags und
donnerstags fasten.

Jetzt ist unser Sachaufgaben-Zug komplett!

          12 · 7 · 7 Fische = ☐ Fische
Hakan: ☐ · ☐ Fische = ☐ Fische
insgesamt: ☐ + ☐ = ☐ Fische

Nur 12 Tiere fressen jeden Tag, Hakan frisst nur …

c) Rechne weiter wie Marie. Finde zum letzten Textabschnitt
die passende Rechenaufgabe.

d) F: Wie viele Fische braucht der Zoo pro Woche?
Rechne und beantworte die Rechenfrage.

2 Erfinde eine eigene lange Zoo-Geschichte
für „Unser Mathebuch".

Kommt mir ein langer Text in die Quere benutze ich, schnipp, schnapp, die Schere.

Sachaufgaben verkürzen

... insgesamt 2 193 Besucher ..., ein Drittel davon ...

1 Am ersten Ferienwochenende kommen 2 193 Besucher in den Rechenberger Zoo, ein Drittel davon sind Kinder.
F: Wie viel Geld nimmt der Zoo am ersten Ferienwochenende ein?
Zerlege die Aufgabe geschickt. Rechne und antworte.

2 Im Oktober des vergangenen Jahres kam ein Panda-Baby zur Welt. Im Mai konnten die Besucher es zum ersten Mal sehen. Deshalb kamen im Mai besonders viele Zoobesucher.
An Werktagen waren es durchschnittlich 1 320 Besucher, an Samstagen sowie an Sonn- und Feiertagen jeweils dreimal so viele. Die Hälfte der Besucher waren Kinder.

a) F: Wie viele Besucher hatte der Zoo im Mai?
Verkürze die Aufgabe auf das Wichtigste.
Rechne und antworte.

Bevor ich rechne, mache ich den Überschlag.

Wie viele Wochentage hat der Mai? Wie viele Tage davon sind Samstage oder Sonn- und Feiertage?

Kann das sein? Ich vergleiche mein Ergebnis mit dem Überschlag.

b) F: Wie viel Geld nahm der Zoo im Mai ein?

3 Informiere dich im Internet über Eintrittspreise von einem Zoo in deiner Nähe. Schreibe eine Rechengeschichte dazu.

4 Im Zoo in Rechenberg gibt es 5 verschiedene Tiergattungen: Säugetiere, Vögel, Reptilien, Amphibien und Fische. Von den insgesamt 3 962 Tieren sind 41 Amphibien, 12-mal so viele sind Reptilien. Es gibt viermal mehr Vögel als Reptilien, aber nur halb so viele Säugetiere wie Vögel.
F: Wie viele Fische gibt es im Zoo?
Zerlege die Aufgabe in kürzere Teile und finde zu jedem Teil die passende Rechenaufgabe. Rechne und antworte.

Säugetiere   Vögel

Reptilien   Amphibien

Fische

5 Der Kiosk im Zoo bietet Pandaluftballons zu je 80 ct, Tierpostkarten zu je 45 ct, Schlüsselanhänger zu je 2,75 €, Plüschbärchen zu je 9,99 €.
25 Kinder kaufen je einen Schlüsselanhänger,
13 je ein Plüschbärchen,
56 je eine Postkarte und
12 Kinder je einen Pandaluftballon.
F: Wie viel Geld geben die Kinder beim Kiosk aus?
Zerlege den Text in kürzere Teile und finde zu jedem Teil die passende Rechenaufgabe. Rechne und antworte.

Überlege dir einen Kiosk für deinen Fantasie-Zoo. Was gibt es dort zu kaufen? Wie viel kostet es? Schreibe eine lange Rechengeschichte dazu.

6 a) Alexander will mit seiner Mutter, seinem Vater und seiner Schwester Sofia in den Zoo gehen.
F: Welche Tageskarte sollten sie wählen?

b) Vor dem Kauf einer Tageskarte überlegt sich die Familie, ob sich nicht eine Jahreskarte lohnen würde.
F: Wie oft müsste die Familie in den Zoo gehen, damit sich eine Jahreskarte lohnt?

c) Franzi und ihre beiden Großeltern gehen 4-mal im Jahr in den Zoo.
F: Welche Karten sollten sie kaufen?

Tageskarte	
Erwachsene	13 €
Kinder (bis 14 Jahre)	8 €
Familien	41 €
(2 Erwachsene, 3 Kinder)	
Jahreskarte	
Erwachsene	49 €
Kinder (bis 14 Jahre)	35 €
Familien	193 €
(2 Erwachsene, 3 Kinder)	

Kommt mir ein langer Text in die Quere, benutze ich, schnipp, schnapp, die Schere.

Schriftlich dividieren

Seite 22, Aufgaben 3 und 4 Halbschriftlich dividieren

1 Steffi und Andi rechnen mit den Hunderter-, Zehner- und Einerkarten. Sie dividieren die Zahl 534 durch 3. Erkläre, wie sie rechnen.

Steffi schreibt so:

```
 HZE      HZE
 534 : 3 = 1
-3
 2
```

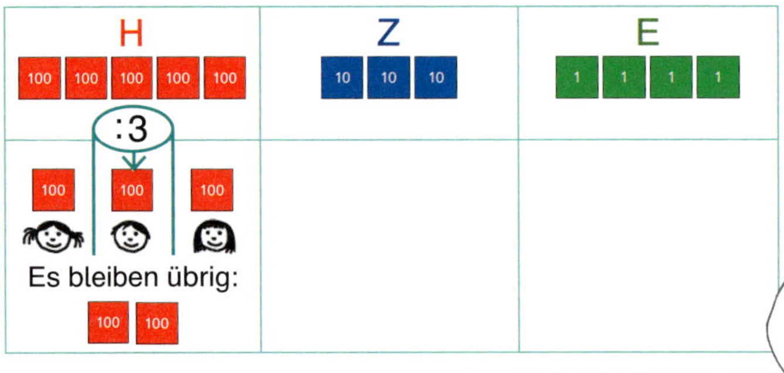
H
Z
E
:3
Es bleiben übrig:

So dividiert Andi:
Er beginnt bei den Hundertern:
5H durch 3 gleich 1H

1H an,
denn 1 · 3 = 3,
5H – 3H = 2H,
2H bleiben übrig.

```
 HZE      HZE
 534 : 3 = 1
-3
 2
```

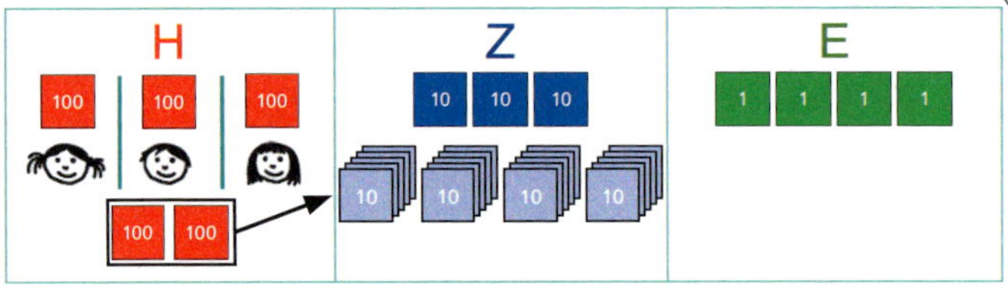
H
Z
E

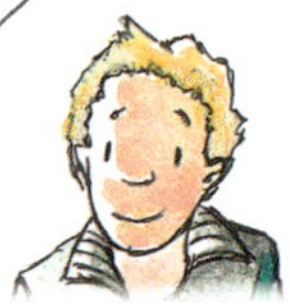

Er wechselt 2H in 20Z.

```
 HZE      HZE
 534 : 3 = 17
-3↓
 23
-21
  2
```

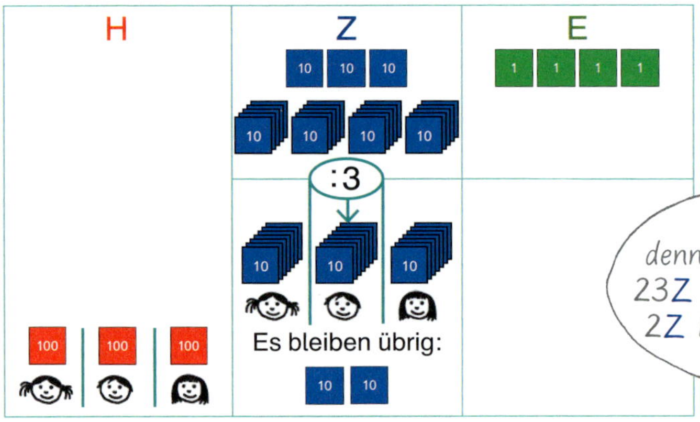
H
Z
E
:3
Es bleiben übrig:

Er holt die nächste Ziffer herunter und dividiert die Zehner: 23Z durch 3 gleich 7Z

7Z an,
denn 7 · 3 = 21,
23Z – 21Z = 2Z,
2Z bleiben übrig.

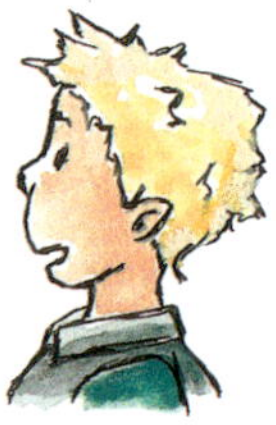

```
 HZE      HZE
 534 : 3 = 17
-3
 23
-21
  2
```

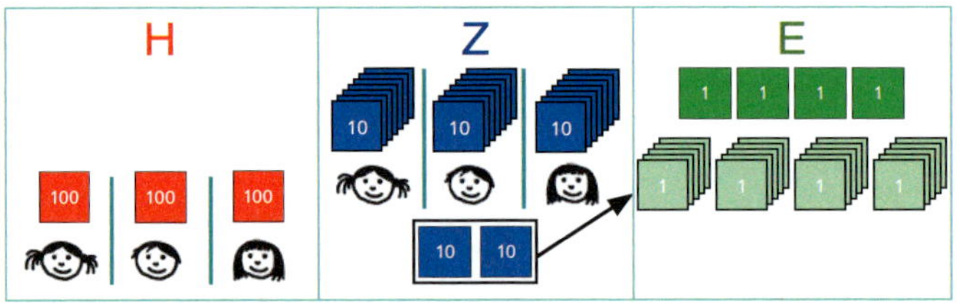
H
Z
E

Er wechselt 2Z in 20E.

```
 HZE      HZE
 534 : 3 = 178
-3
 23
-21↓
  24
 -24
   0
```

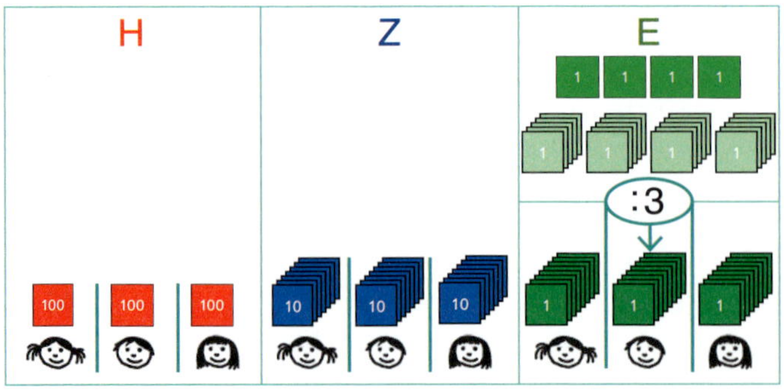
H
Z
E
:3

Er holt die nächste Ziffer herunter und dividiert durch die Einer: 24E durch 3 gleich 8E

8E an, denn
8 · 3 = 24,
24E – 24E = 0E

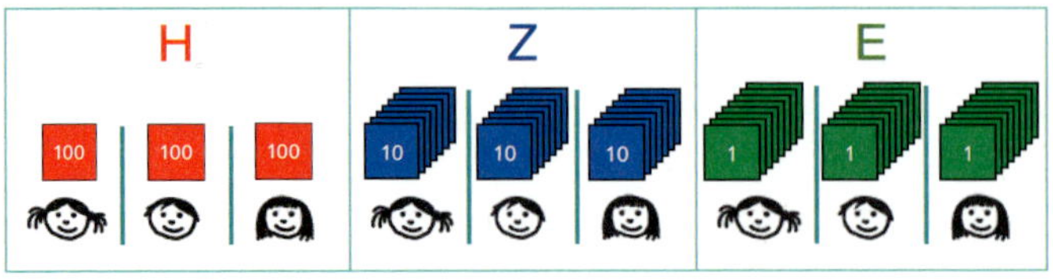
H
Z
E

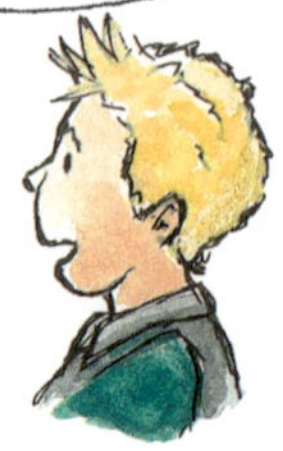

Andis Ergebnis:
1H 7Z 8E
1 7 8

2 Lege mit deinen Einer-, Zehner- und Hunderterkarten.
Sprich dazu. Löse dann die Aufgabe schriftlich im Heft.

a) HZE
472 : 4
PZ: 10

b) HZE
976 : 8
PZ: 5

c) HZE
861 : 7
PZ: 6

d) HZE
972 : 6
PZ: 9

e) HZE
453 : 3
PZ: 7

f) HZE
756 : 2
PZ: 18

g) HZE
936 : 4
PZ: 9

h) HZE
738 : 3
PZ: 12

i) HZE
645 : 5
PZ: 12

j) HZE
938 : 7
PZ: 8

3 Dividiere schriftlich. Mache die Probe (P).

a) THZE
9416 : 8
PZ: 16

b) THZE
8516 : 4
PZ: 14

c) THZE
7434 : 6
PZ: 15

d) THZE
9734 : 2
PZ: 25

e) THZE
9359 : 7
PZ: 14

f) THZE
8472 : 6
PZ: 8

g) THZE
3849 : 3
PZ: 14

h) THZE
7948 : 4
PZ: 25

i) THZE
9786 : 7
PZ: 21

j) THZE
6570 : 5
PZ: 9

4 Aufgabenpaare! Was entdeckst du? Besprich dich mit deinem Partnerkind.

a) 9488 : 8
9488 : 4

b) 9432 : 2
9432 : 4

c) 7488 : 6
7488 : 2

d) 4348 : 4
8696 : 4

e) 7344 : 3
3672 : 3

5 Achtung, Fehler (6)! Finde sie und rechne richtig.

a) 8425 : 5 = 1675
9423 : 3 = 2141
6804 : 6 = 1134

b) 9788 : 4 = 2447
8106 : 7 = 158
9744 : 6 = 1634

c) 9696 : 8 = 1212
8751 : 3 = 2913
6512 : 4 = 2528

6 Dividiere schriftlich.

Hilfe, Bibu! 3T durch 7 geht nicht.

THZE   THZE
3255 : 7 = 465
- 2 8
  45
- 42
  35
- 35
   0

Nimm einfach die nächste Stelle dazu. Dann hast du 32H. 32H : 7 = 4H, 4H an, 4 · 7 = 28, …

a) THZE
3255 : 7
PZ: 15

b) THZE
1832 : 4
PZ: 17

c) THZE
2472 : 3
PZ: 14

d) THZE
7656 : 8
PZ: 21

e) THZE
2760 : 6
PZ: 10

7 Dividiere schriftlich. Was stellst du fest? Besprich dich mit deinem Partnerkind. Finde zwei weitere Aufgaben.

THZE
1234 : 2

THZE
2468 : 2

THZE
3702 : 2

…   …

HZE   HZE
472 : 4 = 118
- 4
  0 7
   - 4
    3 2
   - 3 2
      0

THZE   THZE
9416 : 8 = 1177
- 8
  1 4
  - 8
    6 1
   - 5 6
      5 6
    - 5 6
       0
P: 1177 · 8
     9416

Notiere beim Subtrahieren den Übertrag mit einem Strich.

Schriftlich dividieren
Beginne bei der höchsten Stelle.
Wiederhole die Schritte:
1. Dividieren
2. Multiplizieren
3. Subtrahieren
4. Nächste Ziffer herunterziehen

1 Dividiere schriftlich. Achte auf die Nullen.

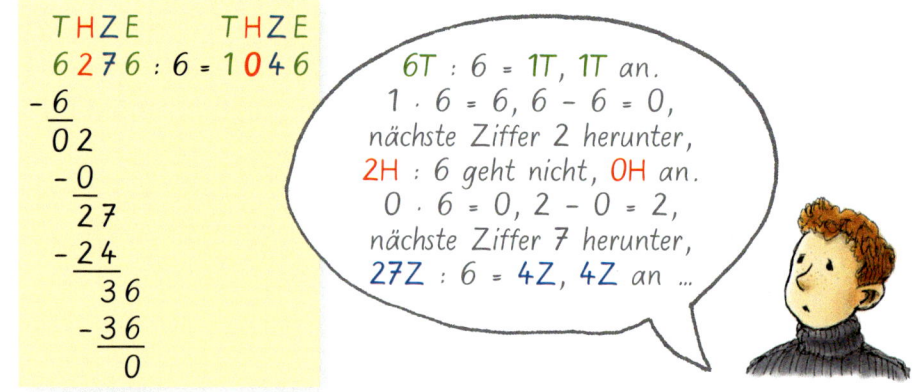

```
THZE        THZE
6276 : 6 = 1046
-6
 02
 - 0
  27
 -24
   36
  -36
    0
```

6T : 6 = 1T, 1T an.
1 · 6 = 6, 6 – 6 = 0,
nächste Ziffer 2 herunter,
2H : 6 geht nicht, 0H an.
0 · 6 = 0, 2 – 0 = 2,
nächste Ziffer 7 herunter,
27Z : 6 = 4Z, 4Z an ...

a) THZE 6276 : 6   PZ: 11
b) THZE 8288 : 8   PZ: 10
c) THZE 3530 : 5   PZ: 13
d) THZE 4008 : 8   PZ: 6
e) THZE 8024 : 4   PZ: 8

2 ICH + DU + WIR ▸ Achtung, Fehler! Erklärt und notiert, was hier falsch gemacht wurde. Rechnet richtig.

a)
```
THZE
2842 : 7 = 46
-28
 042
 -42
   0
```

b)
```
THZE
3500 : 5 = 70
-35
 000
 -00
   0
```

c)
```
THZE
2886 : 6 = 480
-24
 48
-48
  0
```

Untersuche die 1. Zahl, die 2. Zahl und das Ergebnis.

3 Rechne auf deinem Weg. Vergleiche mit deinem Partnerkind.

a) 48 696 : 6
   38 997 : 7
   43 232 : 8

b) 24 030 : 5
   28 560 : 7
   56 640 : 8

c) 152 453 : 7
   121 878 : 9
   156 236 : 4

d) 103 698 : 9
   730 215 : 3
   846 006 : 6

4 Schöne Türme! Rechne zu jedem Turm 5 weitere Aufgaben. Notiere deine Entdeckungen.

a)

120 900	:	6
120 906	:	6
120 912	:	6
...	:	...

b)

258 993	:	7
258 986	:	7
258 979	:	7
...	:	...

c)

312 462	:	9
312 480	:	9
312 498	:	9
...	:	...

Erfinde eigene Rechentürme.

Erfinde eine eigene Rechengeschichte.

5 Armins Bruder Moritz will in den Sommerferien mit dem Zug 9 Tage lang eine Deutschlandrundreise machen. Die geplante Route ist 2142 km lang.
F: Wie viele km legt Moritz durchschnittlich am Tag zurück?

6 Zahlenrätsel!

a) Meine Zahl ist der 7. Teil von 4809.

b) Wenn ich meine Zahl mit 9 multipliziere, erhalte ich 5742.

c) Wenn ich meine Zahl mit 3 multipliziere und das Ergebnis mit 7 multipliziere, erhalte ich 16 506.

Automatisiert und flexibel das schriftliche Rechenverfahren der Division anwenden

1

ICH + DU + WIR ▸ Wie rechnest du?
Wie rechnen andere?
Erklärt euch eure Tricks.

$5\,470 : 10 = \square$

Bei der Division durch 10 gibt es einen Trick. Erkennst du ihn?

2 So rechnet Hanna. Erkläre.

54H : 10 = 5H, 5H an.
5 · 10 = 50, 54 – 50 = 4,
nächste Ziffer 7 herunter,
47Z : 10 = 4Z, 4Z an.
4 · 10 = 40, 47 – 40 = 7,
nächste Ziffer 0 herunter,
70E : 10 = 7E, 7E an.

```
THZE        HZE
5470 : 10 = 547
-50
  47
 -40
   70
  -70
    0
```

3 Rechne auf deinem Weg. Vergleiche mit deinem Partnerkind.

a) $6\,260 : 10$
$8\,310 : 10$
$4\,030 : 10$

b) $91\,190 : 10$
$10\,320 : 10$
$12\,080 : 10$

c) $736\,170 : 10$
$694\,100 : 10$
$108\,450 : 10$

d) $320\,740 : 10$
$805\,080 : 10$
$913\,700 : 10$

4

10 Personen oder 1 250 kg

F: Wie viele kg darf jede Person durchschnittlich wiegen, wenn der Fahrstuhl voll besetzt ist?

Erfinde eine eigene Rechengeschichte.

5 Zahlenrätsel!

Wenn ich 53 040 durch 10 dividiere, erhalte ich meine Zahl.

Dividiere ich meine Zahl durch 10, erhalte ich 1 500.

Wenn ich den 10. Teil von 301 300 durch 10 dividiere, erhalte ich 3 013.

Erfinde eigene Zahlenrätsel für „Unser Mathebuch".

Schriftlich dividieren mit Rest

AH Seite 57

Von März bis Oktober waren insgesamt 253 766 Besucher im Botanischen Garten.
F: Wie viele Personen waren das durchschnittlich im Monat?
Was bedeutet der Rest?

Divisionsaufgaben bilden

- Lege Ziffernkärtchen von 0 bis 9 verdeckt auf den Tisch.
- Ziehe 5 Kärtchen und bilde eine Divisionsaufgabe.
- **ICH + DU** Ihr könnt auch zu zweit spielen. Wer löst die Aufgabe schneller?

Richtig wichtig! Vergiss bei der Probe den Rest nicht.

① Lege mit deinen Einer-, Zehner-, Hunderter- und Tausenderkarten. Sprich dazu. Rechne schriftlich.

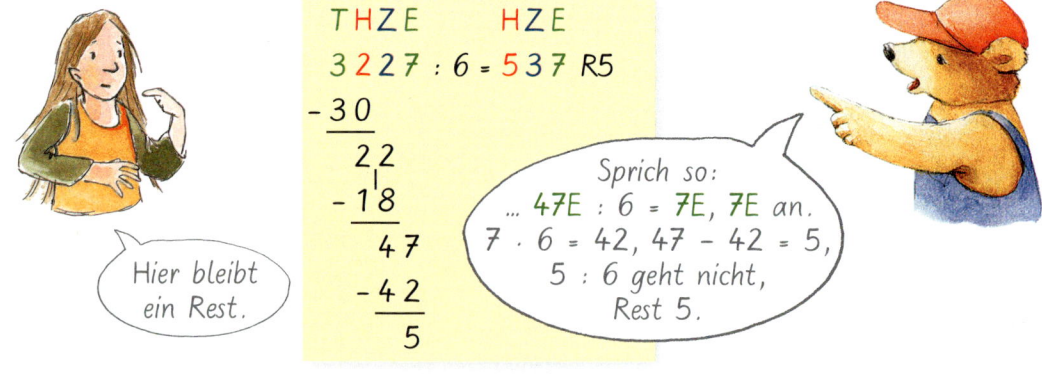

```
THZE      HZE
3 2 2 7 : 6 = 5 3 7  R5
- 3 0
    2 2
  - 1 8
      4 7
    - 4 2
        5
```

Hier bleibt ein Rest.

Sprich so:
... 47E : 6 = 7E, 7E an.
7 · 6 = 42, 47 − 42 = 5,
5 : 6 geht nicht,
Rest 5.

a) T H Z E
   3 2 2 7 : 6

b) T H Z E
   7 4 2 4 : 5

c) T H Z E
   3 2 7 9 : 4

d) T H Z E
   1 0 0 3 : 2

e) T H Z E
   8 6 0 6 : 8

② **ICH + DU + WIR** Achtung, Fehler! Erklärt und notiert, was hier falsch gemacht wurde. Rechnet richtig.

```
  5 2 7 6 : 3 = 1 7 9        2 8 1 9 : 8 = 5 2  R 3
- 3                        - 2 4
  2 3                          4 1
- 2 1                        - 4 0
    2 7                          1 9
  - 2 7                        - 1 6
      0                            3
```

```
  3 7 5 2 : 9 = 4 1 8        4 5 0 6 : 6 = 6 1 5  R 6
- 3 6                      - 3 6
    1 5                        9
  -   9                      - 6
      7 2                      3 0
    - 7 2                    - 3 0
        0                      0 6
```

③ Rechne auf deinem Weg. Mache die Probe (P). Vergleiche mit deinem Partnerkind.

a) 23 501 : 6
   64 780 : 8

b) 37 106 : 5
   45 076 : 10

c) 146 363 : 4
   229 501 : 3

d) 307 099 : 9
   436 750 : 7

④ Schöne Türme! Rechne zu jedem Turm 3 weitere Aufgaben. Notiere deine Entdeckungen.

a)
34 595	:	9
34 594	:	9
34 593	:	9
...	:	...

b)
15 114	:	7
15 121	:	7
15 128	:	7
...	:	...

c)
541 825	:	8
541 834	:	8
541 843	:	8
...	:	...

 AH Seite 57   FA 14   Automatisiert und flexibel das schriftliche Rechenverfahren der Division anwenden

1 Fine und ihre beiden Geschwister gehen in den Sommerferien ins Ferienlager. Der Aufenthalt kostet für die drei Kinder zusammen 827,85 €.

F: Wie viel kostet der Aufenthalt pro Kind?

a) **ICH + DU + WIR** Wie rechnest du? Wie rechnen andere? Vergleicht eure Rechenwege.

b) So rechnet Bastian. Erkläre.

Kontrolliere mit der Probe (P).

Ich wandle in Cent um.

```
8 2 7 8 5 : 3 = 2 7 5 9 5
-6
 2 2
-2 1
   1 7
  -1 5
     2 8
    -2 7
       1 5
      -1 5
         0

2 7 5 9 5 ct = 2 7 5,9 5 €
```

27595 · 3

c) Leila, Samuel und Sara machen zuerst einen Überschlag. Welcher Überschlag kommt dem Ergebnis am nächsten? Warum ist das so? Begründe.

90 000 : 3 = 30 000

81 000 : 3 = 27 000

84 000 : 3 = 28 000

Leila

Samuel

Sara

2 Dividiere schriftlich. Schreibe dein Ergebnis als Kommazahl. Mache einen Überschlag und kontrolliere mit der Probe (P).

a) 34,23 € : 7
   10 € 14 ct : 6
   4,72 € : 8
   78 € 90 ct : 5
   101 € 46 ct : 2

b) 100 € 45 ct : 7
   348,84 € : 4
   130 € 98 ct : 3
   740,70 € : 6
   1 467,81 € : 9

c) 1 733 € : 5
   4 157,84 € : 8
   928 € 70 ct : 2
   1 186,16 € : 4
   945 € 45 ct : 9

Ü: 3 500 : 7 = 500

```
3 4 2 3 : 7 = 4 8 9
-2 8
   6 2
  -5 6
     6 3
    -6 3
       0
```

P: 4 8 9 · 7
      3 4 2 3
   489 ct = 4,89 €

Erfinde eine eigene Rechengeschichte zum Dividieren mit Euro und Cent.

3 Lukas feiert seinen Geburtstag mit 5 Freunden im Schwimmbad. Für den Eintritt zahlt er insgesamt 35,40 Euro.

F: Wie viel kostet der Eintritt für jedes Kind?

Schöne Aufgaben mit $\cdot$ und $:$

1 Gute Ergebnisse! Setze die Türme fort, soweit du kommst. Entdeckst du die Regel? Besprich dich mit deinem Partnerkind.

a)
$9 \cdot 9 = 81$
$98 \cdot 9 = 882$
$987 \cdot 9 = 8883$
…

b)
$1 \cdot 8 + 1 = 9$
$12 \cdot 8 + 2 = 98$
$123 \cdot 8 + 3 = 987$
…

c)
$12345 \cdot 9 = 111105$
$12345 \cdot 18 = 222210$
$12345 \cdot 27 = 333315$
…

2 Erfinde eigene Aufgabentürme wie in Aufgabe 1 mit guten Ergebnissen.

3 Gute Ergebnisse! Setze die Türme fort, soweit du kommst. Entdeckst du die Regel? Besprich dich mit deinem Partnerkind.

a)
$11 : 9 = 1 \text{ R } 2$
$111 : 9 = 12 \text{ R } 3$
$1111 : 9 = 123 \text{ R } 4$
…

b)
$12 : 8 = 1 \text{ R } 4$
$123 : 8 = 15 \text{ R } 3$
$1234 : 8 = 154 \text{ R } 2$
…

c)
$88 : 9 = 9 \text{ R } 7$
$888 : 9 = 98 \text{ R } 6$
$8888 : 9 = 987 \text{ R } 5$
…

4 Erfinde eigene Aufgabentürme wie in Aufgabe 3 mit guten Ergebnissen.

5 Zeichne eine Stellenwerttabelle.
Trage in der …
… T-Spalte die Ziffern von 1 bis 9 untereinander ein.
… H-Spalte die Ziffern von 0 bis 8 untereinander ein.
… Z-Spalte die Ziffern von 8 bis 0 untereinander ein.
… E-Spalte die Ziffern von 9 bis 1 untereinander ein.
Jetzt hast du 9 Zahlen.
Dividiere nun …
… die 1. Zahl durch 1.
… die 2. Zahl durch 2.
… die 3. Zahl durch 3.
… usw.
Was fällt dir auf? Tausche dich mit deinem Partnerkind aus.

T	H	Z	E	
1	0	8	9	$: 1 =$ ☐
2	1	7	8	$: 2 =$ ☐
…				

2 3 5 7 9

Bilde aus den Ziffernkärtchen eine 3-stellige und eine 2-stellige Zahl und multipliziere die Zahlen so, dass …

• … das Ergebnis möglichst groß wird.
• … das Ergebnis möglichst klein wird.
• … an der E-Stelle eine 5 steht.

Wie gehst du vor? Besprich dich mit deinem Partnerkind.

Denke an die Teilbarkeitsregeln!

6 ICH + DU + WIR ▸ Drei dieser Zahlen sind durch alle Zahlen von 2 bis 9 ohne Rest teilbar. Welche? Könnt ihr das den Zahlen ansehen, ohne zu rechnen?

2250	2520	5400	358020	141210
2052	4053	5040	352800	141120

7 Finde eine Zahl wie in Aufgabe 6, die durch alle Zahlen von 2 bis 9 ohne Rest teilbar ist. Wie gehst du vor? Schreibe auf.

Automatisiert und flexibel die schriftlichen Rechenverfahren der Multiplikation und Division anwenden

8 a) Rechne auf deinem Weg. Bei welchen Divisionsaufgaben bleibt kein Rest?

37 644 : 3	37 644 : 6	37 644 : 9
37 645 : 3	37 645 : 6	37 645 : 9
27 645 : 3	27 645 : 6	27 645 : 9
225 864 : 3	225 864 : 6	225 864 : 9
677 592 : 3	677 592 : 6	677 592 : 9

b) Erkläre die Aussage von Moritz.

Findest du die Aufgaben auch ohne zu rechnen?

Bastian

Mir hilft die Prüfzahl weiter.

Moritz

c) Berechne zu den fünf Zahlen, die du in a) dividiert hast, die Prüfzahl. Was fällt dir auf?

d) ICH + DU + WIR ▸ Findet Regeln zur Teilbarkeit durch 3, 6 und 9. Überprüft, ob eure Regeln auch für andere Zahlen gelten. Wie geht ihr dabei vor? Erklärt.

9 a) Rechne auf deinem Weg. Bei welchen Divisionsaufgaben bleibt kein Rest?

30 356 : 2	30 356 : 4	30 356 : 8
71 832 : 2	71 832 : 4	71 832 : 8
39 104 : 2	39 104 : 4	39 104 : 8
24 615 : 2	24 615 : 4	24 615 : 8
60 808 : 2	60 808 : 4	60 808 : 8

b) Erkläre die Aussagen der Kinder.

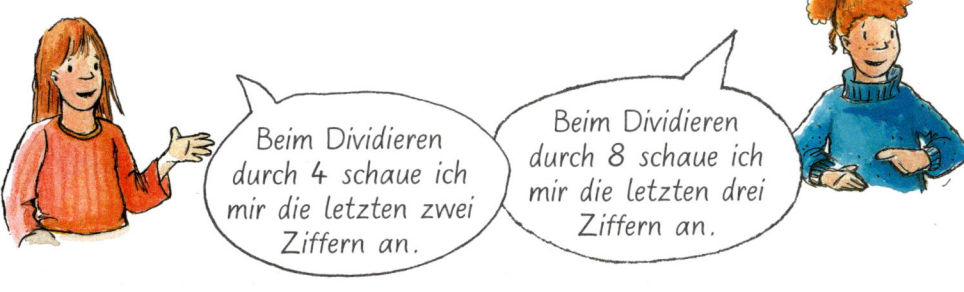

Beim Dividieren durch 4 schaue ich mir die letzten zwei Ziffern an.

Beim Dividieren durch 8 schaue ich mir die letzten drei Ziffern an.

c) Prüfe bei den fünf Zahlen, die du in a) dividiert hast, ob die letzten beiden Ziffern durch 4 und die letzten drei Ziffern durch 8 teilbar sind.

d) ICH + DU + WIR ▸ Findet Regeln zur Teilbarkeit durch 2, 4 und 8. Überprüft, ob eure Regeln auch für andere Zahlen gelten. Wie geht ihr dabei vor? Erklärt.

10 ICH + DU ▸ Überlege dir eine Zahl. Dein Partnerkind überprüft die Zahl auf ihre Teilbarkeit. Wechselt euch ab.

Schau dir die Ergebnisse der Päckchen an. Was fällt dir auf?

➔ S. 135

Gestaltet ein Plakat mit den Regeln zur Teilbarkeit.

Automatisiert und flexibel die schriftlichen Rechenverfahren der Multiplikation und Division anwenden

ICH + DU Erfindet eigene Multiplikations- und Divisionsaufgaben und untersucht sie.

① **ICH + DU + WIR** Untersucht Annas und Christians Aufgaben. Wie geht ihr vor? Erklärt euch eure Tricks.

Anna erfindet eine Multiplikationsaufgabe:

$$2712 \cdot 7$$
$$\overline{18\,984}$$

Christian erfindet eine Divisionsaufgabe:

$$18\,284 : 7 = 2\,612$$
$$-14$$
$$\overline{42}$$
$$-42$$
$$\overline{08}$$
$$-7$$
$$\overline{14}$$
$$-14$$
$$\overline{0}$$

a) Anna vermindert bei ihrer Zahl die H-Stelle um 1. Was verändert sich am Ergebnis? Rechne und erkläre.

$$2612 \cdot 7$$
$$\overline{\square\square\square\square\square}$$

b) Christian erhöht die H-Stelle um 7. Was verändert sich am Ergebnis? Rechne und erkläre.

$$18\,984 : 7 = \square\square\square\square$$

c) Anna verändert ihre Zahl an der E-Stelle so, dass beim Multiplizieren mit 9 an der E-Stelle eine 3 steht.

$$271\square \cdot 9$$
$$\overline{\square\square\square\square 3}$$

d) Christian verändert seine Zahl an der E-Stelle so, dass sie ohne Rest durch 9 teilbar wird.

$$1828\square : 9 = \square\square\square\square$$

e) Annas Ergebnis soll ohne Rest durch 10 teilbar sein. Wie muss sie ihre Zahl verändern?

$$\square\square\square\square \cdot 7$$
$$\overline{\square\square\square\square\square}$$

f) Christian verändert seine Zahl an der H-Stelle so, dass sie ohne Rest durch 8 teilbar wird.

$$18\square 84 : 8 = \square\square\square\square$$

g) Anna möchte mit ihrem Ergebnis möglichst nahe bei 14 000 landen. Welche Stelle sollte sie wie verändern?

$$\square\square\square\square \cdot 7$$
$$\overline{14\square\square\square}$$

h) Christians Ergebnis soll genau um 1 000 kleiner werden. Welche Stelle muss er wie verändern?

$$\square\square\square\square\square : 7 = \square\square\square\square$$

Christian darf eine Stelle seiner Zahl verändern. Was muss er verändern, damit die Zahl ohne Rest …
- … durch 3
- … durch 4
- … durch 5
- … durch 6

teilbar wird?

Automatisiert und flexibel die schriftlichen Rechenverfahren der Multiplikation und Division anwenden

1 Multipliziere schriftlich.

a) 342 · 2 = ☐
 5172 · 4 = ☐
 10609 · 7 = ☐

b) 326 · 20 = ☐
 475 · 40 = ☐
 8502 · 50 = ☐

c) 642 · 16 = ☐
 3509 · 56 = ☐
 2895 · 69 = ☐

2 Dividiere schriftlich. Mache die Probe (P).

a) 845 : 5 = ☐
 794 : 2 = ☐
 4806 : 9 = ☐

b) 1904 : 8 = ☐
 45024 : 7 = ☐
 98310 : 10 = ☐

c) 459 : 6 = ☐ R ☐
 5037 : 7 = ☐ R ☐
 85315 : 9 = ☐ R ☐

3 Wandle in eine gemeinsame Einheit um und rechne.

a) 2,35 € + 36 ct + 40 € = ☐
 8,56 € − 9 ct − 4 € 21 ct = ☐
 27 m 50 cm + 145 cm = ☐
 9,8 m − 123 cm = ☐
 78 mm + 3 cm 7 mm = ☐
 81 cm − 11 mm = ☐

b) 1 125 g + 13 kg = ☐
 15478 g − 7 kg = ☐
 3 179 ml + $\frac{1}{4}$ l + 8 l = ☐
 43 $\frac{1}{2}$ l − 739 ml = ☐
 185 s + 3 min = ☐
 14 h 17 min − 5 $\frac{1}{2}$ h = ☐

4 Multipliziere und dividiere schriftlich. Gib das Ergebnis als Kommazahl an. Überprüfe mit dem Überschlag.

a) 4,29 € · 56 = ☐
 6,18 € · 34 = ☐
 9 € 3 ct · 27 = ☐

b) 57 · 24 € 16 ct = ☐
 67 · 73 € 25 ct = ☐
 808 · 49,80 € = ☐

c) 5,04 € : 3 = ☐
 8625,30 € : 5 = ☐
 652 € 48 ct : 4 = ☐

5 Antonia darf sich ein neues Federmäppchen kaufen.
Das Federmäppchen kostet ohne Inhalt 7,59 €. Sie braucht
6 Buntstifte, einer kostet 69 ct. Statt Filzstiften möchte sie
lieber Fineliner, einer kostet 1,29 €. Da reichen ihr vier Farben.
Sie braucht einen Bleistift für 79 ct, einen Radiergummi für 1,29 €
und einen Dosenspitzer für 1,89 €. Statt eines Lineals möchte
Antonia lieber ein Geodreieck für 1,09 €.
F: Was kostet das komplette Federmäppchen?
Zerlege die Aufgabe in kürzere Teile. Rechne und antworte.

6 Schreibe nur die richtigen Aussagen in dein Heft.
Es ist unmöglich, ein grünes Feld zu drehen.
Es ist wahrscheinlicher, ein blaues als ein
rotes Feld zu drehen.
Es ist sicher, ein blaues Feld zu drehen.
Es ist gleich wahrscheinlich, ein gelbes
oder rotes Feld zu drehen.

Bearbeite immer
eine Aufgabe.
Wie konntest du
sie lösen?
Male im Heft
passend dazu:

Alles fertig?
Überprüfe mit
Seite 110.

Mit diesen Aufgaben kannst du üben:

→ S. 88/1, 2, 5, 6
S. 89/2
S. 90/3, 4

1 Multipliziere schriftlich.

a) $342 \cdot 2 = 684$ b) $326 \cdot 20 = 6520$ c) $642 \cdot 16 = 10272$

$5172 \cdot 4 = 20688$ $475 \cdot 40 = 19000$ $3509 \cdot 56 = 196504$

$10609 \cdot 7 = 74263$ $8502 \cdot 50 = 425100$ $2895 \cdot 69 = 199755$

→ S. 101/2, 3, 6
S. 102/3
S. 103/3

2 Dividiere schriftlich. Mache die Probe (P).

a) $845 : 5 = 169$ b) $1904 : 8 = 238$ c) $459 : 6 = 76$ R 3
P: $169 \cdot 5 = 845$ P: $238 \cdot 8 = 1904$ P: $76 \cdot 6 + 3 = 459$

$794 : 2 = 397$ $45024 : 7 = 6432$ $5037 : 7 = 719$ R 4
P: $397 \cdot 2 = 794$ P: $6432 \cdot 7 = 45024$ P: $719 \cdot 7 + 4 = 5037$

$4806 : 9 = 534$ $98310 : 10 = 9831$ $85315 : 9 = 9479$ R 4
P: $534 \cdot 9 = 4806$ P: $9831 \cdot 10 = 98310$ P: $9479 \cdot 9 + 4 = 85315$

→ S. 94/1–5
S. 95/8, 11

3 Wandle in eine gemeinsame Einheit um und rechne.

a) $2,35 € + 36$ ct $+ 40 € = 42,71 €$ b) 1125 g $+ 13$ kg $= 14$ kg 125 g

$8,56 € - 9$ ct $- 4 € 21$ ct $= 4,26 €$ 15478 g $- 7$ kg $= 8$ kg 478 g

27 m 50 cm $+ 145$ cm $= 28,95$ m 3179 ml $+ \frac{1}{4}$ l $+ 8$ l $= 11$ l 429 ml

$9,8$ m $- 123$ cm $= 8,57$ m $43\frac{1}{2}$ l $- 739$ ml $= 42$ l 761 ml

78 mm $+ 3$ cm 7 mm $= 11$ cm 5 mm 185 s $+ 3$ min $= 365$ s

81 cm $- 11$ mm $= 79$ cm 9 mm 14 h 17 min $- 5\frac{1}{2}$ h $= 8$ h 47 min

→ S. 91/2
S. 105/2

4 Multipliziere und dividiere schriftlich. Gib das Ergebnis als Kommazahl an. Überprüfe mit dem Überschlag.

a) $240,24 €$ b) $1377,12 €$ c) $1,68 €$
$210,12 €$ $4907,75 €$ $1725,06 €$
$243,81 €$ $40238,40 €$ $163,12 €$

→ S. 99/5

5 F: Was kostet das komplette Federmäppchen?

R: Buntstifte $6 \cdot 69$ ct $= 4,14 €$
Fineliner $4 \cdot 1,29 € = 5,16 €$
$7,59 € + 4,14 € + 5,16 € + 0,79 € + 1,29 € + 1,89 € + 1,09 € = 21,95 €$
A: $21,95 €$ kostet das komplette Federmäppchen.

→ S. 85/3

6 Schreibe nur die richtigen Aussagen in dein Heft.

Es ist wahrscheinlicher, ein blaues als ein rotes Feld zu drehen.
Es ist gleich wahrscheinlich, ein gelbes oder rotes Feld zu drehen.

1 ICH + DU + WIR ▸ Wie viele Kartons mit 2 500 DIN-A4-Blättern braucht ihr, um euer Klassenzimmer auszufüllen? Wie geht ihr vor? Besprecht euch in der Gruppe.

Forsche nach: Wie groß ist ein Karton mit 2 500 DIN-A4-Blättern?

2 So überlegen die Kinder. Erklärt.

Oh je, da müssen wir ja das ganze Klassenzimmer ausräumen!

Das geht auch einfacher! Ich messe die Länge, die Breite und die Höhe des Klassenzimmers.

3 ICH + DU + WIR ▸ Jedes Kind in deiner Klasse bekommt einen leeren Kopierpapier-Karton und darf sich daraus eine Aufbewahrungsbox gestalten. Die Kartons sollen an der Klassenzimmerwand gestapelt werden.

a) Hat jeder Karton Platz? Wie groß wäre die Fläche, die ihr für alle Kartons benötigt? Worauf müsst ihr achten?

Reicht hier ein Überschlag oder muss ich genau rechnen?

Wie groß ist unsere Wand?

Stapeln wir im Hoch- oder Querformat?

Wie viele Kinder sind in unserer Klasse?

Wie hoch wäre ein Turm aus Kopierpapier-Kartons, wenn jedes Kind deiner Schule einen Karton hätte?

b) Wie könnt ihr die Kartons anordnen, damit eine möglichst kleine Fläche benötigt wird?

Sachsituationen mit Größen lösen und dabei bekannte Bezugsgrößen aus der Erfahrungswelt nutzen

Denke an die Lösungshilfen aus dem Sachrechen-Zug!

Die Rechenbergschule hat Spenden für die Verschönerung des Pausenhofs erhalten. Die Kinder wünschen sich viele Pflanzen. Alle helfen mit. Die Viertklässler übernehmen das Planen und Rechnen.

1 Eine Gruppe kümmert sich um die Verschönerung des Eingangsbereichs. Das 1,60 m breite Eingangstor liegt genau in der Mitte einer 16 m langen Schulhofseite. Rechts und links vom Tor soll je eine gleich lange Reihe mit Buchsbäumchen gepflanzt werden.

a) F: Wie viele Buchsbäume werden gebraucht?
b) F: Wie viel kosten die Pflanzen insgesamt?

Jedes Bäumchen ist ungefähr 30 cm breit. Wir lassen zwischen den Pflanzen 20 cm Abstand. Und zu den Rändern und dem Tor rechts und links auch.

2 Die zweite Gruppe kümmert sich um die Bepflanzung des Innenbereichs. Ein Viertel der Spendengelder kosten die Bäume und Sträucher. Der 8. Teil wird für Blumen und Stauden verwendet. Finde passende Rechenfragen. Rechne und antworte.

Wie viel Euro sind dann noch für die anderen Sachen übrig?

Dazu müssen wir erst mal wissen, wie viel insgesamt gespendet wurde.

Bäume:
2 Kugelahorn je 70 €
1 Zierkirsche, 1 Zierapfel je 45 €

Sträucher:
Schmetterlingsstrauch, Flieder, Holunder, Schneeball, Beerensträucher
gesamt: 265 €

3 Die dritte Gruppe möchte eine Kräuterspirale pflanzen. Finde passende Rechenfragen zum Bild. Rechne und antworte.

Wir brauchen 15 verschiedene Samentüten ...

... und 300 Liter Erde, hat der Gärtner gesagt.

Die Spirale mache ich so.

4 Die vierte Gruppe pflanzt Kürbisse auf dem Kompost.
Die Kinder hoffen, dass die Kürbisse möglichst groß werden.
Auf einer Gartenausstellung hat Luis einen 288 kg
schweren Kürbis gesehen. Der Riesenkürbis war
9-mal schwerer als Luis.
Finde die Rechenfrage.
Rechne und antworte.

> Wie schwer bin ich wohl?

Um wie viel kg und g ist der Riesenkürbis schwerer als du?

5 Die fünfte Gruppe sucht die Pflanzen für das Blumen- und
Gemüsebeet aus. Die Kinder wünschen sich hohe und schnell
wachsende Pflanzen.
Finde passende Rechenfragen. Rechne und antworte.

> Ich bin 1,42 m groß, die Sonnenblume ist 57 cm höher.

> Erbsen wachsen in nur 5 Tagen 10 cm. Dann wären sie nach einem Jahr …?

> Meine Oma hat Stangenbohnen im Garten, die sind 3 m hoch! 168 cm höher als ich.

6 Die sechste Gruppe überlegt
sich, in welche Formen einzelne
Buchsbäumchen später einmal
geschnitten werden sollen. An
welche Körperformen denken
sie? Zeichne.

> Mein Bäumchen hat auch eine Spitze, aber die Grundfläche ist quadratisch.

> Bei meinem Bäumchen ist die Grundfläche ein Kreis. Dann läuft es nach oben spitz zu.

ICH + DU
Überlege dir
weitere
Körperformen für
die Bäumchen.
Beschreibe sie.
Dein Partnerkind
zeichnet dazu.

ICH + DU + WIR
Plant euren
eigenen
Pausenhof. Wie
soll er aussehen?
Macht eine
Skizze. Was
kostet die
Verschönerung?
Forscht in
Prospekten und
im Internet nach.

7 Die siebte Gruppe ist für die Sitzecke
zuständig. Dafür werden 1,50 m lange
Baumstämme benötigt, aus denen
6 große und 10 kleine Sitzplätze
zugeschnitten werden. Die Sitzhöhe soll
für die Kleinen 40 cm, für die Größeren
50 cm betragen. Damit die Sitze nicht
umfallen, sind sie unten noch 30 cm tief
im Boden eingegraben.

> Wie viele Baumstämme werden dafür gebraucht?

Einfache Skizzen

→ S. 136

Erinnerst du dich?
Für den Umfang
rechnest du zweimal die
Länge und zweimal die
Breite der Koppel.

1 Auf dem Reiterhof von Tinas Eltern wird eine Umzäunung für eine Pferdekoppel gebaut. Die Koppel ist 12 Meter breit und 15 Meter lang. Die Pfosten sind im Abstand von 3 Metern geplant.

a) F: Wie viele Pfosten werden gebraucht?
Erstelle eine Skizze. Zeichne für jeden Meter 1 cm in dein Heft.

b) Zwischen zwei Pfosten soll ein 3 m breites Gatter sein. Zeichne das Gatter an einer geeigneten Stelle in deiner Skizze ein.

c) An den Pfosten entlang werden für den Zaun drei Reihen mit Elektroband gespannt.
F: Wie viele Meter Elektroband werden benötigt?
Erkläre Tinas Skizze. Rechne und antworte.

Ich brauche
drei Reihen mit
Elektrozaun, also
multipliziere ich
mein Ergebnis
mit 3.

Länge von einer Reihe Elektroband · · · · · · Länge des Gatters

Umfang der Koppel

Um wie viel Uhr müssen die Familien jeweils losfahren, wenn sie sich um 12 Uhr an einem 45 km entfernten Punkt treffen wollen?

2 Familie Hurtig und Familie Träge wollen sich mit den Rädern um 12 Uhr treffen. Beide Familien haben 30 km bis zum Treffpunkt. Familie Hurtig schafft 15 km in der Stunde, Familie Träge 10 km.
F: Um wie viel Uhr müssen die Familien jeweils starten?

a) **ICH + DU + WIR** Welche Skizze ist am besten? Begründet.

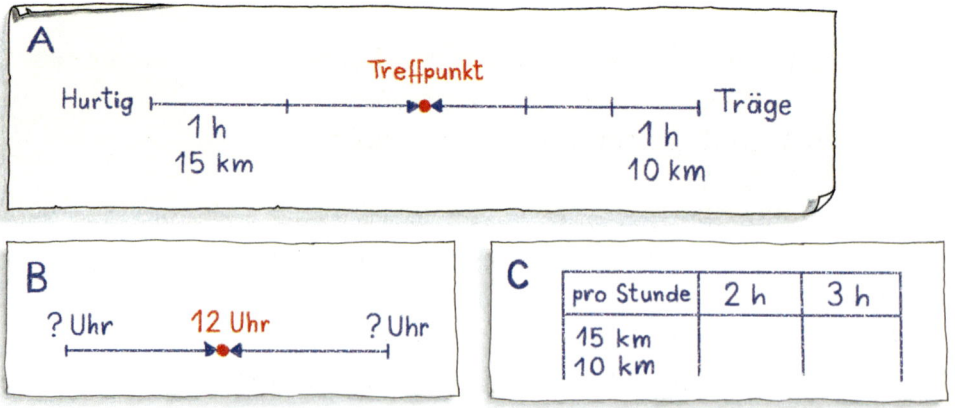

b) Rechne und antworte.

3 Erfinde eine ähnliche Rechengeschichte wie in Aufgabe 2 für „Unser Mathebuch".

4 Andi möchte ein Rad für 348 € kaufen.
280 € hat er gespart. Den Rest würde ihm
sein Vater leihen, wenn Andi ihm den
fehlenden Geldbetrag in den nächsten
vier Monaten zurückzahlt.
F: Kann Andi den fehlenden Geldbetrag in
vier Monaten zurückzahlen?

Ich bekomme 20 € Taschengeld im Monat.

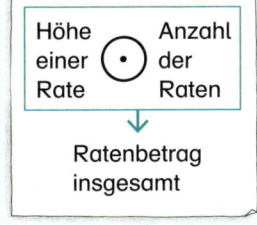

Gesamtpreis 348 €	
Erspartes (Anzahlung) 280 €	Restzahlung 20 €, 20 €, …

Höhe einer Rate $\cdot$ Anzahl der Raten
↓
Ratenbetrag insgesamt

5 Luisas Eltern möchten ein neues Sofa kaufen. Das Möbelhaus
macht ihnen folgendes Finanzierungsangebot:

Barzahlung: 1 645 €
Ratenzahlung: Anzahlung 98 € + 35 Monatsraten je 49 €

a) **ICH + DU + WIR** Überlegt, was das Angebot für Luisas
Familie bedeutet? Sprecht darüber.
b) F: Wie viel kostet das Sofa bei Ratenzahlung?
c) F: Wie hoch ist der Mehrpreis bei Ratenzahlung im Vergleich
zum Barzahlungspreis?
Erstelle eine Skizze. Rechne und antworte.
d) **ICH + DU + WIR** Nennt Vor- und Nachteile von Ratenkäufen.
Begründet eure Meinung.

Suche in
Werbeprospekten
oder im Internet
nach Angeboten
zum Ratenkauf.
Berechne den
Preisunterschied
zwischen
Bar- und
Ratenzahlung.

6 Erkans Vater möchte ein Gartenhaus kaufen,
in dem er alle Fahrräder unterstellen kann.
Er hat ein Modell gefunden, das ihm gefällt.
Es kostet 2 459 €.
a) Ein Händler bietet ihm an, dass er den Preis
in 10 Monatsraten ohne zusätzliche Kosten
bezahlen kann.
F: Wie viel muss Andis Vater jeden Monat zahlen?
b) Ein Baumarkt macht ihm folgendes Angebot:
0 € Anzahlung + 24 Monatsraten je 110 €.
F1: Wie viel kostet das Gartenhaus bei Ratenzahlung?
F2: Wie hoch ist der Preisunterschied zwischen
Ratenzahlung und Barzahlungspreis?
Erstelle eine Skizze. Rechne und antworte.

Zeichne einfach,
zeichne klar,
schon stellt sich
die Lösung dar.

1 Bei welcher Bildergeschichte steht das Fragezeichen für einen Zeitpunkt, bei welcher für eine Zeitspanne?

A

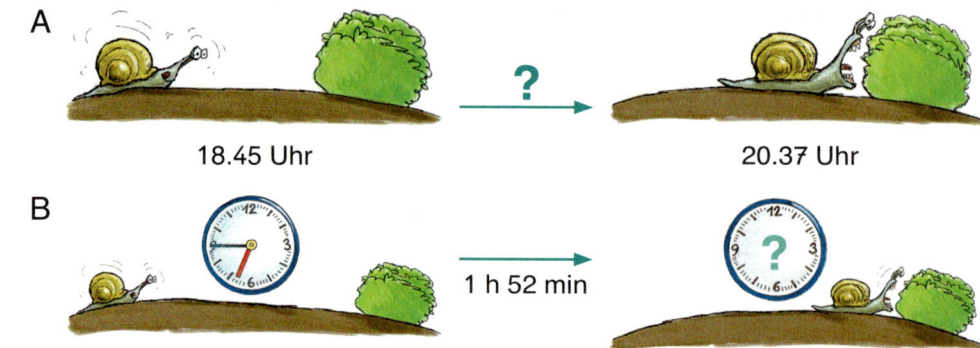

18.45 Uhr   20.37 Uhr

B

1 h 52 min

2 Timo trainiert in den Ferien für einen Geländelauf. Er notiert bei jeder Trainingseinheit, um wie viel Uhr er zu Hause gestartet und wieder angekommen ist. Er läuft immer die gleiche Strecke.
F: Wie lange braucht er jeweils für die Strecke?
Wann war er am schnellsten?

a) **ICH + DU + WIR** Wie löst du die Aufgabe? Wie lösen andere die Aufgabe? Tauscht euch aus.

b) Resul und Fine machen eine Skizze. Erkläre.

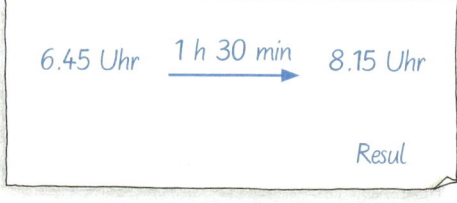

6.45 Uhr   1 h 30 min   8.15 Uhr

Resul

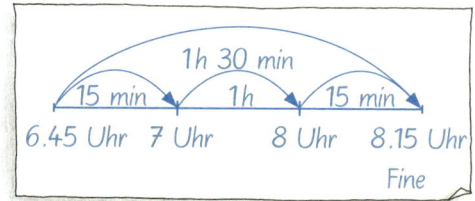

1h 30 min
15 min   1h   15 min
6.45 Uhr   7 Uhr   8 Uhr   8.15 Uhr

Fine

c) Erstelle für die anderen Zeitspannen eine Skizze wie Resul oder Fine. Rechne und antworte.

3 Die Klasse 4c fährt um 10.20 Uhr zum Schwimmen. Die Busfahrt dauert 18 Minuten. Zum Umziehen und Duschen brauchen die Kinder 16 Minuten. Sie schwimmen 25 Minuten und springen dann noch 15 Minuten vom 3-Meter-Brett. Das Umziehen dauert wegen der nassen Haare nun 10 Minuten länger. Bis alle Kinder im Bus sind dauert es weitere 5 Minuten. Auf der Rückfahrt steht der Bus 12 Minuten im Stau.

a) F: Um wie viel Uhr können die Kinder endlich ins Wasser? Zeichne eine Skizze. Rechne und antworte.

b) F: Um wie viel Uhr kommt die Klasse wieder an der Schule an? Ergänze deine Skizze aus Aufgabe a). Rechne und antworte.

4 Sara fährt zu ihrer Tante nach Würzburg. Um 9.26 Uhr fährt der Zug in Augsburg ab und kommt um 10.34 Uhr in Nürnberg an. Zum Umsteigen hat Sara 9 Minuten Zeit. Die Fahrt nach Würzburg mit dem Anschlusszug dauert noch einmal 72 Minuten.
F: Welche Uhrzeit zeigt die Bahnhofsuhr in Würzburg an? Zeichne eine Skizze und trage Zeitspannen und Zeitpunkte ein. Rechne und antworte.

Tabelle:

Tag	Start	Ankunft
Mo	6.45 Uhr	8.15 Uhr
Di	7.19 Uhr	8.47 Uhr
Mi	6.55 Uhr	8.21 Uhr
Do	7.08 Uhr	8.31 Uhr
Fr	7.23 Uhr	8.46 Uhr

Plane eine Zugfahrt zu einem Verwandten deiner Wahl. Wann fährst du los? Wann kommst du an? Wie lange dauert die Zugfahrt?

Zeitpunkt
Den Zeitpunkt kann ich direkt an der Uhr ablesen. Die Uhrzeit sagt mir den Zeitpunkt.

Zeitspanne
Die Zeitspanne gibt die Zeit an, die vergeht. Die Zeitspanne kann ich berechnen, wenn ich die Uhrzeit am Anfang und am Ende kenne.

5 Die Sonne geht jeden Tag zu einer anderen Zeit auf und unter. In der Tabelle siehst du die Zeitpunkte des Sonnenaufgangs und des Sonnenuntergangs im September 2017 in München.

	1.9.	2.9.	3.9.	4.9.	5.9.	6.9.	7.9.
☀ Aufgang	6.32	6.33	6.35	6.36	6.37	6.39	6.40
☀ Untergang	19.54	19.52	19.50	19.48	19.46	19.44	19.42

a) Wie lange ist es an den Tagen jeweils hell? Berechne die Zeitspannen.

b) **ICH + DU** Was fällt auf? Warum ist das so? Besprecht euch.

c) Erstelle eine Tabelle für die Sonnenaufgangs- und Sonnenuntergangszeiten vom 23. bis 27. Oktober 2017. Du findest die Zeiten im Internet. Berechne die Zeitspannen, wie lange es an den Tagen hell ist.

d) **ICH + DU + WIR** Vergleicht die Tabellen vom September und Oktober. Was fällt euch auf? Warum ist das so? Erklärt.

6 a) **ICH + DU + WIR** Vergleicht die Uhrzeit in München mit der Uhrzeit in den anderen Städten. Warum ist das so? Erklärt.

b) Wie viele Stunden beträgt der Zeitunterschied? Notiere.

← nach Westen   nach Osten →

Sommerzeit

15:45	18:45	00:45	07:45
San Francisco (USA)	New York (USA)	München	Tokio (Japan)

14. Mai   15. Mai

7 Der weltberühmte Sänger Tinitus fliegt von München nach San Francisco. Das Flugzeug startet um 8.44 Uhr, der Flug dauert 11 Stunden und 23 Minuten.
F: Um wie viel Uhr Ortszeit landet Tinitus in San Francisco?

8 Tinitus startet zu seiner Japantournee. Das Flugzeug hebt am Samstag um 16.46 Uhr in München ab und landet in Tokio am Sonntag um 11.06 Uhr Ortszeit.
F: Wie lange dauerte der Flug?

9 Berechne den Zeitunterschied weiterer Städte, bei denen sich die Ortszeit von der Ortszeit an deinem Wohnort unterscheidet.

Notiere eine Woche lang, wann die Sonne in deinem Heimatort auf- und untergeht. Du findest die Zeiten in der Tageszeitung oder im Internet. Berechne, wie lange es an diesen Tagen hell ist.

San Francisco 22.00 Uhr

In San Francisco geht die Sonne später auf als in München.

München 7.00 Uhr

In Tokio geht die Sonne früher auf als in München.

Tokio 14.00 Uhr

Wiederholung

Denke an die Tipps aus meinem Sachrechen-Zug.

Im Zirkus Prächtig ist mächtig was los

ICH + DU + WIR ▸ Wie löst ihr die Aufgaben? Tauscht euch aus. Schreibt zu jeder Aufgabe Frage (F), Rechnung (R) und Antwort (A). Denkt auch an eine Skizze (S).

1 Zirkusdirektor Prächtig fährt mit seinem Sportwagen von Rechenberg nach Hamburg. Die anderen Zirkusmitglieder fahren mit ihren Wohnwagen die gleiche Strecke. Der Zirkusdirektor legt die 810 km in 6 Stunden zurück, die Wohnwagen brauchen für den gleichen Weg 9 Stunden.
F: Wie viele km fuhren Zirkusdirektor Prächtig und die anderen Zirkusmitglieder jeweils im Durchschnitt in einer Stunde?

→ S. 96/1, 2

2 Der kleine Prächtig-Sohn Alberto trainiert mit der Schnecke Gähn. Sie soll die 52 m bis zum Salatkopf in 5 Tagen schaffen. Alberto teilt die Strecke in 5 gleiche Teile auf.
F: Wie viel m und cm muss die Schnecke Gähn pro Tag kriechen?

→ S. 94/2, 6

3 Tiertrainer Robert ist noch 360 km vom Zirkuszelt entfernt, als Seehund Mopsi krank wird. Direktor Prächtig fährt Robert mit dem Tierarzt entgegen. Prächtig legt in der Stunde 120 km zurück, Robert schafft in der gleichen Zeit nur 60 000 m.
a) F: Nach wie vielen Stunden treffen sie sich?
b) F: Welche Strecke hat jeder bis dahin zurückgelegt?

→ S. 114/2

4 Erfinde ähnliche Rechengeschichten für „Unser Mathebuch".

Informationen zu Größen aus Texten entnehmen; Einheiten umwandeln

5 a) Das Wasserbecken für die singenden Seehunde soll frisch gefüllt werden. Es passen 36 000 l hinein. Um 9.20 Uhr dreht Robert den Wasserhahn auf. Durch die Leitung fließen pro Minute 90 l.
F: Um wie viel Uhr ist das Becken voll?

b) Die 6 Elefanten haben Durst und trinken aus dem Becken, während das Wasser einläuft. 2-mal saugt jeder Elefant 15 l ab. Daher dauert es länger, bis das Becken voll ist.
F: Wie viele Minuten dauert es länger, bis das Becken voll ist?

→ S. 94/4, 6

6 Direktor Prächtig kauft für die Elefanten 240 Säcke Maiskolben zu je 50 kg. Der Lastwagen des Gemüsehändlers Pesto darf höchstens 6 000 kg laden.
F: Wie viele Fahrten muss Pesto machen, um den Mais zu liefern?

→ S. 94/3, 6

7 Für das Winterquartier bestellt Prächtig beim Bauern Wollo 9 200 Strohballen, 100 Stück zu je 34 €, und 2 800 Heuballen, 10 Stück zu je 4 €. Für den Transport von je 50 Stroh- oder Heuballen berechnet Wollo 36 ct.
F: Wie viel muss Direktor Prächtig bezahlen?

→ S. 94/1, 6

8 Erfinde zur Zirkusvorstellung im Stadion von Rechenberg eine lange Rechengeschichte mit mindestens 6 verschiedenen Aufgaben.
Wie heißt deine Frage (F) am Schluss?

Loge	28 €
2. Reihe	22 €
unterer Rang	15 €
oberer Rang	13 €
Stehplatz	8 €
Kinder zahlen die Hälfte	

Das Stadion von Rechenberg:
24 000 Plätze
22 500 Sitzplätze
672 Logenplätze
2. Reihe: 1 365 Plätze …

Pausenverkauf:
Souvenirs, Getränke, Essen …

Informationen zu Größen aus Texten entnehmen; Einheiten umwandeln

Das ist unser Stundenplan. Wie sieht deiner aus?

1 ICH + DU + WIR Was könnt ihr aus der Tabelle ablesen?

	Mo	Di	Mi	Do	Fr
1.	D	M	HSU	D	M
2.	M	D	M	REL/ETH	E
3.	HSU	D	D	M	D
4.	REL/ETH	MU	KU	HSU	SP
5.	MU	SP	E	WG	MU
6.		REL/ETH	SP	WG	

2 Welche Fragen (3) kannst du beantworten?
a) Wie oft haben die Kinder Mathematik?
b) Andis Lieblingsfach ist Sport. An welchen Tagen geht er besonders gerne in die Schule?
c) Um wieviel Uhr beginnt die große Pause?
d) Wie viele Kinder gehen in den Religionsunterricht, wie viele gehen in Ethik?
e) An welchen Tagen haben die Kinder sowohl Mathematik als auch Deutsch und Englisch?

3 Sara erzählt: „In unserer Stadt gehen 4 019 Kinder in die Grundschule. Davon sind 1 849 Mädchen. In die Mittelschule gehen 1 079 Mädchen und 1 124 Jungen. 2 581 Kinder gehen in die Realschule, davon sind 1 110 Jungen. Von den 7 239 Kindern, die ins Gymnasium gehen, sind 3 619 Jungen."

Schulart	Mädchen	Jungen	insgesamt
Grundschule	1 849		4 019
Mittelschule	...	...	...

a) Zeichne die Tabelle in dein Heft ab und vervollständige sie.
b) Resul hat zu der Tabelle ein Diagramm gezeichnet. Erkläre den Unterschied. Welche Darstellung findest du besser? Begründe schriftlich.

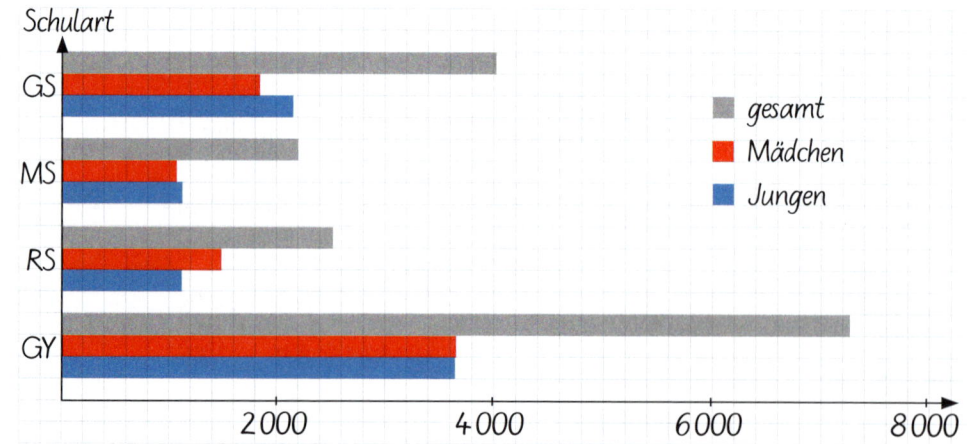

4 Wie viele Kinder gehen an die Schulen in deiner Stadt? Forsche nach. Zeichne eine Tabelle oder ein Diagramm dazu.

ICH + DU Stellt euch weitere Fragen zur Tabelle und begründet eure Antworten.

ICH + DU + WIR Vergleicht eure Stundenpläne aus Klasse 3 und 4. Was ist gleich? Was ist anders?

Runde die Zahlen aus der Tabelle auf ganze Hunderter. Zeichne mit den gerundeten Werten ein Balkendiagramm. Wähle eine passende Einteilung.

Vergleiche deine Ergebnisse mit den Angaben aus Aufgabe 3. Was ist gleich? Was ist anders?

Daten aus verschiedenen Quellen entnehmen und deren Bedeutung beschreiben

5 Die Kinder der Klasse 4a haben ihre Mitschüler zur Internetnutzung befragt.

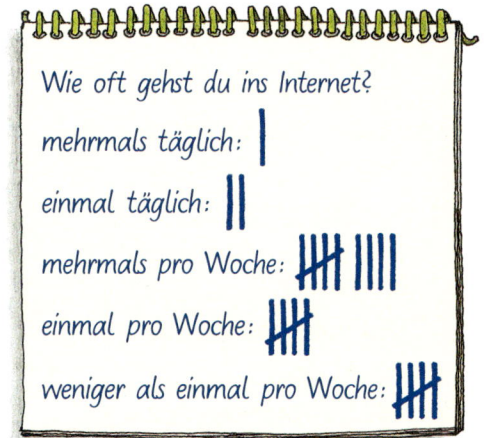

a) Zeichne zu der Strichliste ein Balkendiagramm. Wähle selbst eine passende Einteilung.

b) **ICH + DU** Vergleicht die Strichliste und das Diagramm. Welche Darstellung findet ihr besser? Begründet.

6 Wie oft gehen die Kinder in deiner Klasse ins Internet? Erstelle eine Strichliste und zeichne ein Balkendiagramm dazu. Wähle eine passende Einteilung.

7 Welche Dinge machst du mindestens einmal pro Woche im Internet? So haben die Kinder aller 4. Klassen geantwortet.

a) **ICH + DU + WIR** Was könnt ihr aus dem Diagramm ablesen? Beschreibt.

b) **ICH + DU** Stellt euch gegenseitig Fragen zum Diagramm.

c) Stelle die Daten übersichtlich in einer Tabelle dar. Vergleiche mit deinem Partnerkind.

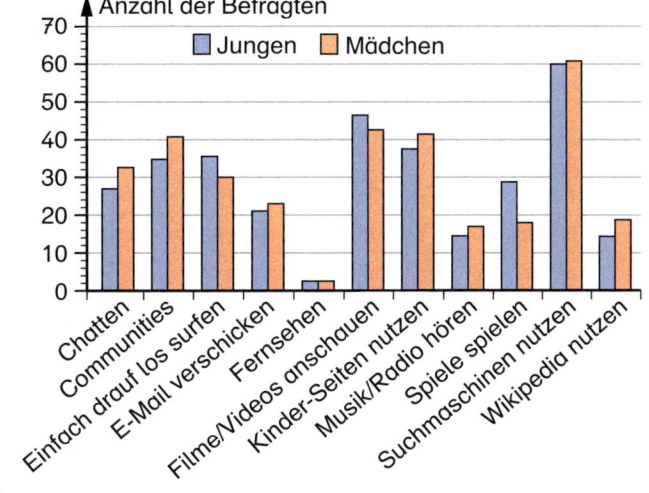

8 Wohin fährst du mit deiner Familie in den Sommerferien? So haben die Kinder der Klasse 4b geantwortet.

a) **ICH + DU** Erkläre deinem Partnerkind das Kreisdiagramm.

b) F: Wie viele Kinder fahren in die jeweiligen Urlaubsorte?

c) F: Wie viele Kinder sind in der Klasse 4b?

d) F: Wie viele Kinder fahren in die Ferien?

9 Wohin fahren die Kinder in deiner Klasse in den Urlaub? Wie viele Kinder bleiben zu Hause? Erstelle eine Strichliste und zeichne ein Säulendiagramm. Wähle eine passende Einteilung.

→ S. 134

Wie viel Zeit verbringst du pro Woche im Internet? Wie viel Zeit wäre das in deiner kompletten Schulzeit?

Vergleiche das Schaubild deiner Klasse mit dem Schaubild aus Aufgabe 5. Wodurch unterscheiden sie sich?

ICH + DU + WIR Welche Dinge machen die Kinder eurer Klasse im Internet? Macht eine Umfrage und stellt eure Ergebnisse übersichtlich in einem Diagramm dar.

→ S. 134

ICH + DU Findet weitere Fragen zum Diagramm und begründet eure Antworten.

→ S. 135

Daten sammeln und vergleichen; Daten in eine geeignete Darstellungsform übertragen

Jeder Mensch braucht am Tag wenigstens 20 Liter sauberes Wasser, um gesund zu leben.

ICH + DU **Stellt euch weitere Fragen zum Kreisdiagramm und begründet eure Antworten.**

Wasser macht Spaß! Wir haben viel davon, aber wie ist das anderswo?

ICH + DU + WIR

Vergleicht eure Angaben zum Wasserverbrauch mit den Angaben aus Aufgabe 1. Überlegt: Wie kommt es, dass eine Person jeden Tag 10 Liter zum Blumengießen braucht? Braucht ein Baby Wasser zum Putzen?

⏱ Seite 16, Aufgabe 5   Liter und Milliliter

① So viele Liter Wasser verbraucht eine Person in Rechenberg am Tag.

a) Wofür verbraucht eine Person in Rechenberg am Tag das meiste Wasser, wofür das wenigste?

b) Wie viele Liter Wasser verbraucht eine Person in Rechenberg am Tag insgesamt?

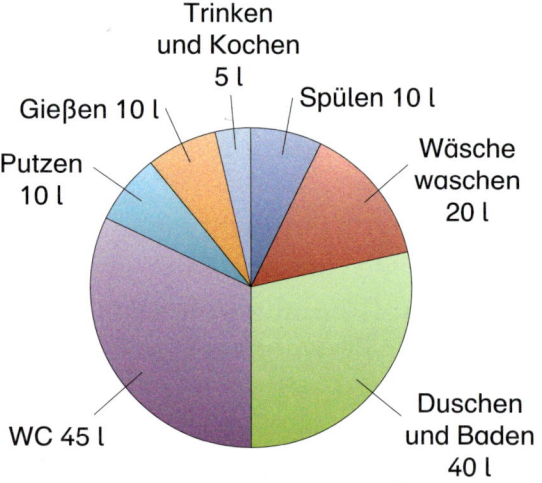

Trinken und Kochen 5 l
Spülen 10 l
Gießen 10 l
Putzen 10 l
Wäsche waschen 20 l
WC 45 l
Duschen und Baden 40 l

② Leila überlegt: „In einen großen Eimer passen 10 l Wasser." Sie zeichnet zum Kreisdiagramm aus Aufgabe 1 folgendes Schaubild:

Trinken/Kochen 🥃
Spülen 🥃
Duschen/Baden 🥃🥃 ...

a) Zeichne das Schaubild in dein Heft und vervollständige es.
b) Ordne den Wasserverbrauch in einer Tabelle der Größe nach. Beginne mit dem meisten Wasser.
c) Zeichne ein Balkendiagramm zu der Tabelle in Aufgabe b). Wähle eine passende Einteilung.

③ ICH + DU + WIR Wofür habt ihr gestern und heute Wasser verbraucht? Schreibt auf und schätzt die Mengen: Zähneputzen, WC-Spülung, ...
Stellt eure Daten übersichtlich dar. Wählt selbst ein geeignetes Diagramm und eine passende Einteilung.

④ In der Tabelle siehst du, wie viele ml jedes Kind pro Tag trinken soll.

a) Wie viele ml trinkst du pro Tag? Trinkst du genug?
b) Runde die Zahlen aus der Tabelle auf Hunderter und zeichne ein Diagramm dazu.
c) Überlege dir, wie viel Flüssigkeit du während deiner ganzen (Grund-)Schulzeit zu dir nimmst. Wie gehst du vor? Tausche dich mit deinem Partnerkind aus.

Alter	Flüssigkeitsbedarf pro Tag
1 bis 4 Jahre	820 ml
4 bis 7 Jahre	940 ml
7 bis 10 Jahre	970 ml
10 bis 13 Jahre	1 170 ml
13 bis 15 Jahre	1 330 ml
15 bis 19 Jahre	1 530 ml

Daten sammeln und vergleichen; Daten in eine geeignete Darstellungsform übertragen

5 Familie Sauber hat sich eine neue Spülmaschine gekauft. Je nach Spülprogramm verbraucht die Maschine unterschiedlich viel Wasser.

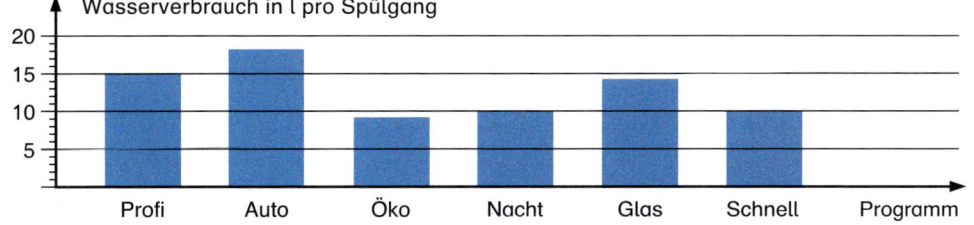

a) Familie Sauber spült einmal pro Tag mit dem Programm „Auto". Wie hoch ist der Wasserverbrauch pro Woche?

b) Die Familie möchte Wasser sparen. Welches Programm sollte sie wählen? Wie hoch wäre der Wasserverbrauch pro Woche?

c) Stelle die Ergebnisse aus a) und b) in einem Säulendiagramm dar und vergleiche sie. Wie viel Wasser könnte die Familie pro Woche sparen?

6 Eine volle Badewanne enthält 100 l. Beim Duschen verbrauchst du 12 l pro Minute.

Ich bade einmal und dusche 3-mal in der Woche je 5 Minuten.

Ich dusche 4-mal in der Woche je 4 Minuten.

a) Rechne aus und vergleiche: Wie viele Liter Wasser verbraucht Steffi in einer Woche zum Baden und Duschen? Wie viele Liter Wasser verbraucht Moritz in einer Woche zum Duschen? Wie viel Wasser spart Moritz in einer Woche im Vergleich zu Steffi?

b) Zeichne ein Säulendiagramm, das die Vergleiche auf einen Blick deutlich macht.

7 a) Christina benutzt die Toiletten-spülung 5-mal am Tag. Rechne aus, wie viele Liter sie mit der alten Spülung in der Woche verbraucht hätte, wie hoch der Wochenverbrauch mit der neuen Spülung ist und wie viele Liter sie durch die neue Klospülung pro Woche spart.

Wir haben eine neue Klospülung. Jetzt verbrauchen wir nur noch 6 Liter pro Spülung. Wenn ich 5-mal am Tag spüle, spare ich jetzt 15 Liter pro Tag.

b) Zeichne ein Säulendiagramm, das die Vergleiche auf einen Blick deutlich macht.

8 Wie viel Wasser verschwendest du, wenn du beim Zähneputzen das Wasser laufen lässt? Wie viel Wasser wäre das …

a) … an einem Tag?

b) … in einer Woche?

Probiere aus und fertige eine Tabelle und ein Diagramm an.

ICH + DU + WIR

Wie wird bei euch zu Hause das Geschirr gespült? Überlegt, ob und wie ihr dabei Wasser sparen könnt. Tauscht euch aus.

Wie viel Wasser verbrauchst du in einer Woche beim Duschen und Baden? Rechne und vergleiche dein Ergebnis mit den Angaben von Steffi und Moritz.

Da muss für ein paar Cent eine neue Dichtung hin.

Ein tropfender Wasserhahn verliert alle drei Sekunden einen Wassertropfen. Wie viel Wasser wird dadurch pro Tag (pro Woche, pro Monat) vergeudet?

Sara findet auch noch 2 Ringe (R)

in ihrer Schmuckdose. Wie viele Kombinationsmöglichkeiten hat sie jetzt?

→ S. 134

① Sara bereitet sich auf ihre Geburtstagsfeier vor. Sie überlegt, welchen Schmuck sie anziehen soll. Zur Auswahl stehen 4 Armbänder (A), 3 Halsketten (H) und 2 Paar Ohrringe (O).
F: Wie viele Möglichkeiten hat Sara, Arm-, Hals- und Ohrschmuck zu kombinieren?

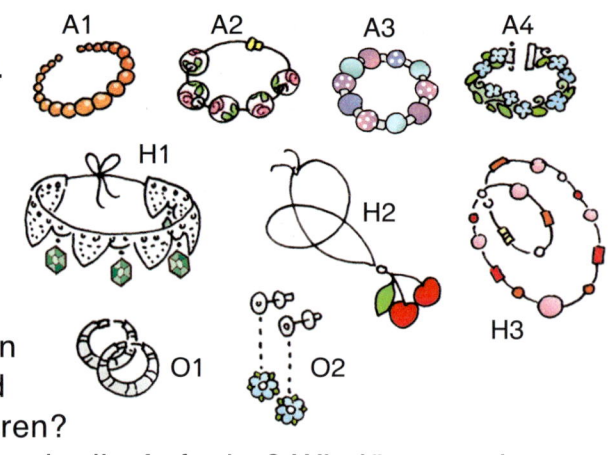

a) **ICH + DU + WIR** Wie löst du die Aufgabe? Wie lösen andere die Aufgabe? Tauscht euch über eure Lösungswege aus.

b) So lösen Emil und Tina die Aufgabe. Erkläre.

Emil zeichnet ein Baumdiagramm: Tina rechnet:

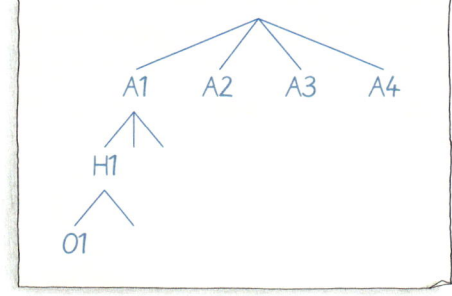

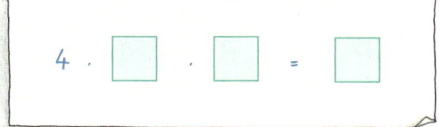

c) Zeichne Emils Baumdiagramm in dein Heft und vervollständige es. Rechne dann wie Tina.

Und wenn ich auch noch mit allen anstoßen will?

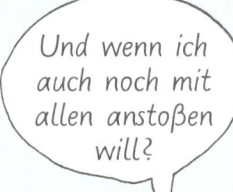

② Sara hat an ihrem Geburtstag fünf Freunde (F) zu sich eingeladen. Zur Feier des Tages gibt es ein Holundermixgetränk zu trinken. Zuerst stößt Sara mit allen Freunden und ihrer Mutter an. Danach möchte jeder mit jedem anstoßen.
F: Wie oft klirren die Gläser insgesamt?

a) **ICH + DU + WIR** Wie löst du die Aufgabe? Wie lösen andere die Aufgabe? Tauscht euch über eure Lösungswege aus.

b) So lösen Leila und Samuel die Aufgabe. Erkläre.

Leila zeichnet eine Skizze: Samuel rechnet:

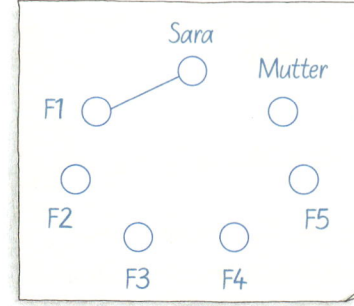

c) Zeichne Leilas Skizze in dein Heft und vervollständige sie. Rechne dann wie Samuel.

Anzahl verschiedener Möglichkeiten bei kombinatorischen Aufgabenstellungen bestimmen

3 Auf Saras Geschenketisch liegen ein orangefarbenes, ein grünes, ein gelbes und ein blaues Päckchen. Sara will einen vierfarbigen Geschenketurm bauen.
F: In welcher Reihenfolge kann sie die Geschenke auftürmen? Wie viele und welche Kombinationsmöglichkeiten hat sie? Zeichne und rechne.

Saras Freundin legt noch ein rotes Päckchen dazu. Wie viele Möglichkeiten hat Sara, einen fünffarbigen Turm zu bauen?

4 Sara deckt den Tisch für ihre Geburtstagsparty. Sie hat Servietten, Becher und Teller in ihren Lieblingsfarben lila und grün. Sara möchte den Tisch so decken, dass jede ihrer fünf Freundinnen und sie selbst eine andere Farbkombination bekommt. Gelingt ihr das? Begründe.

5 Über dem Tisch will Sara zwei Luftballons unterschiedlicher Farbe aufhängen. Sie hat vier verschiedene Farben zur Auswahl.
F: In welcher Farbreihenfolge kann sie die Luftballons aufhängen? Wie viele Möglichkeiten hat sie? Zeichne und rechne.

Wie viele Möglichkeiten hat Sara, wenn noch ein fünfter Luftballon hinzukommt?

6 Auf dem Geburtstagstisch steht ein Teller mit fünf verschiedenen Bonbons. Sara möchte drei davon essen.
F: In welcher Reihenfolge kann sie die Bonbons essen? Wie viele verschiedene Möglichkeiten hat sie? Finde eine passende Rechnung.

Sara möchte vier Bonbons essen. Wie viele Möglichkeiten hat sie jetzt?

7 Sara und Resul machen ein Würfelspiel. Jeder hat zwei Würfel. Sie werfen gleichzeitig. Immer wenn beide das gleiche Augenpaar haben, bekommt jeder ein Brausebonbon.
F: Wie viele verschiedene Augenpaare können gewürfelt werden?

Wir haben das Gleiche gewürfelt, wir bekommen ein Bonbon.

8 Nach der Feier werden alle fünf Freunde von Saras Mutter nach Hause gefahren. Sara sitzt vorne neben ihrer Mutter. Saras Freunde Resul, Franzi, Alexander, Leila und Marie sitzen hinten.
F: Wie viele Möglichkeiten haben die Freunde, sich auf den fünf Plätzen zu verteilen?

Erfinde ähnliche Aufgaben für „Unser Mathebuch".

Der Blauwal ist das schwerste Tier der Welt.

① **ICH + DU** In der Tabelle seht ihr das Gewicht und die Größe einiger Tiere. Findet so viele Vergleiche wie möglich.
Der Blauwal ist am … Er ist ☐-mal so schwer wie ein Elefant.
Der Löwe ist um … größer als …

Tier	Gewicht	Größe (Kopfrumpflänge)
Blauwal	160 000 kg	33 m
Elefant	5 000 kg	7 m
Löwe	200 kg	250 cm
Braunbär	400 kg	280 cm
Fuchs	8 kg	70 cm
Tiger	250 kg	280 cm
Giraffe	1 600 kg	4 m
Hauskatze	4 kg	40 cm
Bachforelle	10 kg	45 cm

Blauwal

Löwe

Elefant

② **ICH + DU** Sucht im Tierlexikon nach weiteren Tieren und deren Größe und Gewicht. Erstellt eine Tabelle wie in Aufgabe 1 und vergleicht die Tiere.

Denke ans Umwandeln.

③ Die kleinste Biene der Welt ist nur 2 mm lang und lebt in den Wüstenböden im Südwesten der USA. Die größte Biene der Welt lebt in Indonesien und kann fast 4 cm lang werden. Um wievielmal länger ist die größte Biene im Vergleich zur kleinsten?

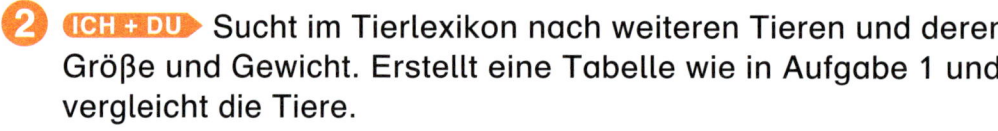

④ Eine grüne Anakonda ist 5 300 mm lang. Wie viele Anakondas müsste man ungefähr der Länge nach aneinander legen, um einen Kilometer zu erhalten?

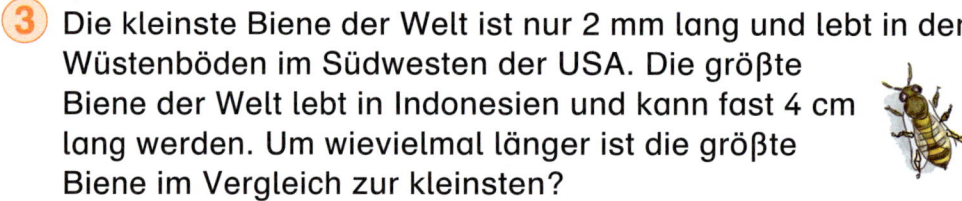

⑤ Ein Zwergchamäleon ist 20 mm lang. Das Parson-Chamäleon kann dagegen bis zu 68 cm lang werden. Um wievielmal kürzer ist das Zwergchamäleon ungefähr?

Informiere dich über weitere Tiere in Tierbüchern, im Lexikon oder im Internet.
Schreibe weitere Tiervergleiche für „Unser Mathebuch".

⑥ Tiefsee-Elritzen sind Fische, die am häufigsten weltweit vorkommen. Sie sind durchschnittlich 64 mm lang. 900 ausgewachsene Tiefsee-Elritzen wiegen zusammen nicht mehr als 450 g. Kann das sein? Wie viel wiegt dann eine Tiefsee-Elritze ungefähr? Was ist ungefähr gleich schwer?

⑦ Die Bienenelfe ist der kleinste Vogel der Welt. Diese Kolibri-Art wiegt ungefähr 2 g. Ein Hühnerei wiegt 64 g.
Wie viele Bienenelfen sind zusammen so schwer wie ein Hühnerei?

Größen vergleichen; Einheiten umwandeln

1 Im Schulgarten der Rechenbergschule soll ein Walnussbaum gepflanzt werden. Beim Einpflanzen ist der Baum $\frac{1}{4}$ m hoch. Als die Kinder den Baum nach einem Monat wieder messen ist er schon 40 cm hoch.
a) F: Wie viele cm ist der Baum in einem Monat gewachsen?
b) F: Wie groß wird der Baum nach einem halben Jahr sein, wenn er in sechs Monaten in dieser Geschwindigkeit weiter wächst?

2 Fines Mutter will sich einen Crosstrainer kaufen. Er kostet 249,99 €. Der Händler bietet ihr an, dass sie den Crosstrainer in 12 Monatsraten zu 23,50 € bezahlen kann.
a) F: Wie viel kostet der Crosstrainer bei Ratenzahlung?
b) F: Wie hoch ist der Preisunterschied zwischen Ratenzahlung und Barzahlungspreis?

3 Samuel und Leila möchten sich um 15 Uhr in der Eisdiele treffen. Samuel ist 6 km, Leila nur 2 km vom Treffpunkt entfernt. Beide fahren mit den Rädern und brauchen für 1 km im Durchschnitt 2 min 30 s.
F: Wann müssen Samuel und Leila jeweils von zu Hause losfahren?
Erstelle eine Skizze. Rechne und antworte.

4 Zeichne die Tabelle ab und ergänze.

Abfahrt	9.17 Uhr	7.34 Uhr		20.49 Uhr	
Ankunft	14.53 Uhr		23.25 Uhr	2.27 Uhr	3.58 Uhr
Reisedauer		9 h 45 min	7 h 12 min		6 h 46 min

5 Zirkusdirektor Prächtig möchte im Winterquartier einen Auslauf für die tanzenden Lipizzaner bauen. Er schreitet die Fläche ab. In der Länge kommt er auf 280 m, in der Breite auf 70 m.
a) F: Wie viele Schritte hat er für die Länge und die Breite gebraucht, wenn ein Schritt 70 cm lang ist?
b) F: Wie viel kostet der Zaun, wenn 1 m Zaun 90 ct kostet?

6 Die tanzenden Lipizzaner Karlov, Biene, Herzog und Prima stellen sich auf. Wie viele verschiedene Möglichkeiten gibt es, die Pferde nebeneinander zu stellen? Zeichne und rechne.

7 Die Kinder der Klasse 4a haben ihre Mitschüler befragt, welche Haustiere sie haben. 6 Kinder haben einen Hund, 7 Kinder haben eine Katze, 3 Kinder haben ein Meerschweinchen und 5 Kinder haben ein Zwergkaninchen.
a) Zeichne ein Säulendiagramm.
b) F: Wie viele Kinder der Klasse 4a haben Haustiere, wenn 2 Kinder sowohl einen Hund als auch eine Katze als Haustier angegeben haben.

Bearbeite immer eine Aufgabe. Wie konntest du sie lösen? Male im Heft passend dazu:

Alles fertig? Überprüfe mit Seite 128.

Mit diesen Aufgaben kannst du üben:

→ S. 113/5

1 a) F: Wie viele cm ist der Baum in einem Monat gewachsen?

R: $\frac{1}{4}$ m = 0,25 m = 25 cm   40 cm – 25 cm = 15 cm

A: 15 cm ist der Baum in einem Monat gewachsen.

b) F: Wie groß wird der Baum nach einem halben Jahr sein, wenn er in sechs Monaten in dieser Geschwindigkeit weiter wächst?

R: 15 cm · 6 = 90 cm   25 cm + 90 cm = 115 cm = 1,15 m

A: 1,15 m groß wird der Baum nach einem halben Jahr sein, wenn er in sechs Monaten in dieser Geschwindigkeit weiter wächst.

→ S. 115/4–6

2 a) F: Wie viel kostet der Crosstrainer bei Ratenzahlung?

R: 23,50 € · 12 = 282,00 €

A: 282,00 € kostet der Crosstrainer bei Ratenzahlung.

b) F: Wie hoch ist der Preisunterschied zwischen Ratenzahlung und Barzahlungspreis?

R: 282,00 € – 249,99 € = 32,01 €   A: 32,01 € hoch ist der Preisunterschied.

→ S. 114/2

3 F: Wann müssen Samuel und Leila jeweils von zu Hause losfahren?

R: Fahrzeit für 2 km: 2 min 30 s · 2 = 5 min   Fahrzeit für 6 km: 5 min · 3 = 15 min

A: Samuel muss um 14.45 Uhr, Leila muss um 14.55 Uhr zu Hause losfahren.

→ S. 117/5

4

Abfahrt	9.17 Uhr	7.34 Uhr	16.13 Uhr	20.49 Uhr	21.12 Uhr
Ankunft	14.53 Uhr	17.19 Uhr	23.25 Uhr	2.27 Uhr	3.58 Uhr
Reisedauer	5 h 36 min	9 h 45 min	7 h 12 min	5 h 38 min	6 h 46 min

5 a) F: Wie viele Schritte hat er für die Länge und die Breite gebraucht, wenn ein Schritt 70 cm lang ist?

R: Schritte für die Länge: 280 m = 28 000 cm   28 000 cm : 70 cm = 400

Schritte für die Breite: 70 m =   7 000 cm   7 000 cm : 70 cm = 100

A: 400 Schritte hat er für die Länge und 100 Schritte für die Breite gebraucht.

b) F: Wie viel kostet der Zaun, wenn 1 m Zaun 90 ct kostet?

R: 280 m · 2 = 560 m   70 m · 2 = 140 m   560 m + 140 m = 700 m

700 · 90 ct = 63 000 ct = 630,00 €

A: 630,00 € kostet der Zaun, wenn 1 m Zaun 90 ct kostet.

→ S. 114/1

6 Die tanzenden Lipizzaner Karlov, Biene, Herzog und Prima stellen sich auf. Wie viele verschiedene Möglichkeiten gibt es, die Pferde nebeneinander zu stellen? Zeichne und rechne.

Es gibt 4 · 3 · 2 · 1 = 24 Möglichkeiten, die Pferde nebeneinander zu stellen.

→ S. 124/1

7 a)

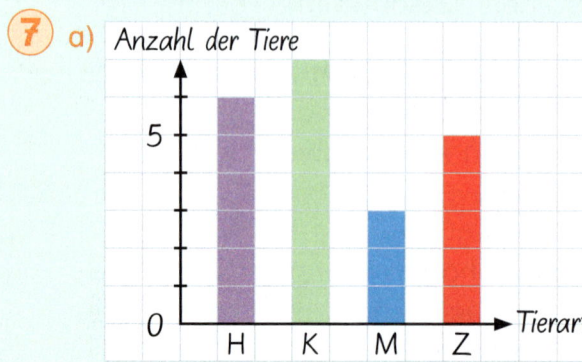

b) R: 6 + 7 + 3 + 5 = 21

21 – 2 = 19

A: 19 Kinder der Klasse 4a haben Haustiere.

→ S. 121/5

1 **ICH + DU + WIR** Bastelt drei Glückskreisel mit folgenden Farbfeldern.

A 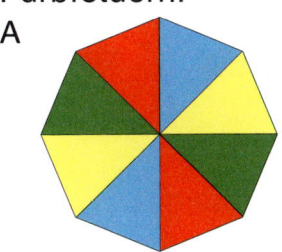 B  C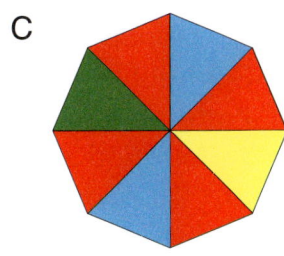

a) Rot gewinnt! Welchen Glückskreisel würdet ihr wählen? Begründet schriftlich.

b) Überprüft eure Vermutungen aus a), indem ihr jeden Glückskreisel 100-mal dreht und euch die gefallene Farbe notiert. Erstellt eine Tabelle mit euren Ergebnissen.

2 Bastle einen Glückskreisel, bei dem ...

a) ... die Farbe Grün sicher gewinnt.

b) ... es gleich wahrscheinlich ist, Blau oder Gelb zu drehen.

c) ... es wahrscheinlicher ist, ein gelbes Feld zu drehen als ein grünes.

3 **ICH + DU** Spielt mit dem Glückskreisel nach euren eigenen Gewinnregeln.

4 **ICH + DU + WIR** Bastelt Glückskreisel mit 6 Farbfeldern.

A B C D
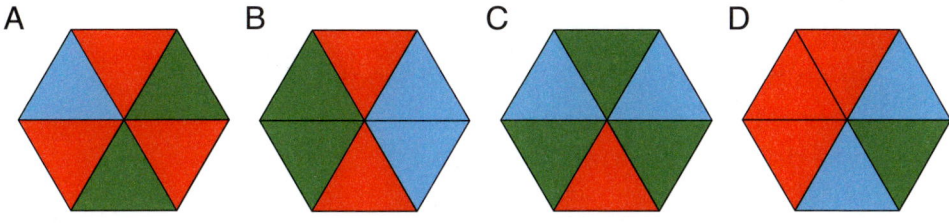

a) Rot gewinnt! Welchen Glückskreisel würdet ihr wählen? Welchen würdet ihr nicht wählen? Begründet.

b) Überprüft eure Vermutungen aus a), indem ihr jeden Kreisel 100-mal dreht und euch die gefallene Farbe notiert.

c) Welchen Kreisel würdet ihr wählen, wenn Blau gewinnt oder wenn Grün gewinnt? Begründet schriftlich.

5 Betrachte die Glückskreisel aus Aufgabe 4. Stimmen die Aussagen? Begründe schriftlich.

a) Bei Kreisel A ist es möglich, aber eher unwahrscheinlich, ein blaues Feld zu drehen.

b) Bei Kreisel B ist es gleich wahrscheinlich, ein rotes oder ein blaues Feld zu drehen.

c) Bei Kreisel C ist es wahrscheinlicher, ein blaues Feld zu drehen als ein grünes.

d) Bei Kreisel D ist es unmöglich, ein grünes Feld zu drehen. Überprüfe deine Lösungen handelnd.

> Für einen 6-Felder-Kreisel musst du auf der Kreislinie 6 Punkte im Abstand von 5 cm markieren.

Glückskreisel basteln

- Zeichne einen Kreis mit Radius r = 5 cm auf weißen Karton.
- Markiere mit dem Zirkel 8 Punkte auf der Kreislinie im Abstand von 38 mm.

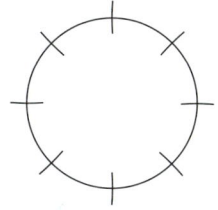

- Verbinde gegenüber- und nebeneinanderliegende Punkte miteinander.

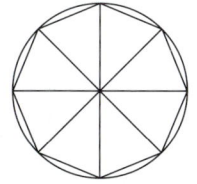

- Färbe die acht Flächen in verschiedenen Farben.
- Schneide das Glücksrad aus und stecke einen Zahnstocher in den Mittelpunkt.

Gewinnregel 1:
Du gewinnst, wenn du zwei gleiche Farben würfelst.

Gewinnregel 2:
Du gewinnst, wenn du mit mindestens einem Würfel Grün würfelst.

Gewinnregel 3:
Du gewinnst, wenn du Rot oder Blau würfelst.

Gewinnregel 4:
Du gewinnst, wenn du Gelb und Lila würfelst.

> Wie viele Farbkombinationen gibt es beim Würfeln mit zwei Würfeln?

Gewinnregel 1:
Du gewinnst, wenn du Blau würfelst.

Gewinnregel 2:
Du gewinnst, wenn du Rot oder Gelb würfelst.

1 Experimente mit dem Farbwürfel
(Spiel für 4 Kinder)
- Ihr braucht: zwei 6-Felder-Farbwürfel
- Schreibt jede Gewinnregel auf einen Zettel und legt sie verdeckt auf den Tisch. Jedes Kind zieht eine Gewinnregel.
- Pro Spielrunde würfelt jedes Kind einmal mit beiden Farbwürfeln und notiert sich, ob es gewonnen oder verloren hat.
- Spielt 30 Runden.
- Wer hat am häufigsten gewonnen?

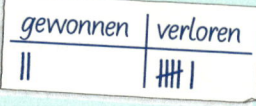

gewonnen	verloren
II	HHH I

2 a) **ICH + DU + WIR** Vergleicht eure Ergebnisse aus dem Spiel in Aufgabe 1 in der Klasse. Was stellt ihr fest? Ist das Spiel fair?
b) Welche Gewinnregel hat am häufigsten gewonnen? Warum ist das so? Begründet eure Vermutungen schriftlich.
c) Notiere dir zu jeder Gewinnregel die möglichen Farbkombinationen. Wie viele Möglichkeiten gibt es jeweils? Wie gehst du vor? Tausche dich mit deinem Partnerkind aus und vergleicht eure Lösungen.

3 Erfinde eine Gewinnregel, bei der die Wahrscheinlichkeit zu gewinnen …
a) … gleich hoch ist, wie bei Gewinnregel 2.
b) … höher ist, als bei Gewinnregel 3.
Überprüfe deine Lösungen handelnd.

4 **ICH + DU + WIR** Verändert das Spiel in Aufgabe 1 so, dass die Gewinnchancen für jeden Mitspieler gleich sind. Wie geht ihr vor? Tauscht euch aus. Spielt nach euren fairen Regeln.

5 **ICH + DU** Beklebt einen 6-Felder-Würfel mit diesen Farben: 3 x ● 2 x ● 1 x ● .
a) Vermutet, mit welcher der beiden Gewinnregeln ihr wahrscheinlicher gewinnt. Begründet eure Vermutung schriftlich.
b) Wählt jeweils eine Gewinnregel aus und würfelt 30-mal. Überprüft eure Vermutung.

6 Beklebe einen 8-Felder-Würfel mit den folgenden Farben: 2 x ● 2 x ● 3 x ● 1 x ● .
a) Erfinde zwei faire Gewinnregeln.
b) Erfinde zwei unfaire Gewinnregeln.
Spiele mit deinem Partnerkind.

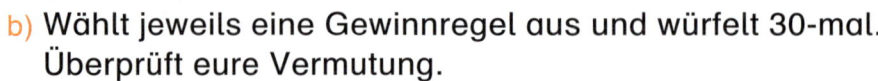

1 Schreibe zu jedem Rechentrick noch fünf weitere Beispiele im Zahlenraum bis zur Million.

Rechenstrich

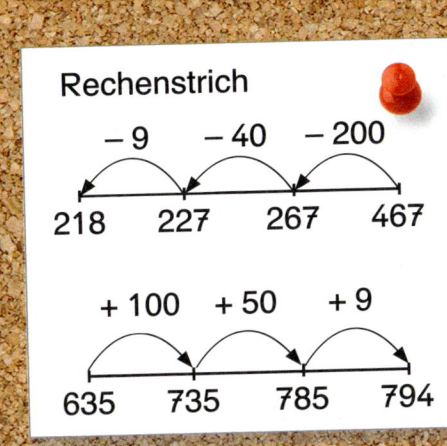

$$-9 \quad -40 \quad -200$$

| 218 | 227 | 267 | 467 |

$$+100 \quad +50 \quad +9$$

| 635 | 735 | 785 | 794 |

Schriftlich addieren und subtrahieren

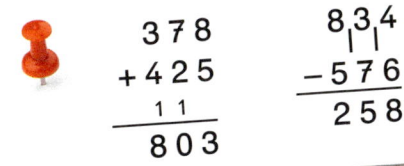

```
  3 7 8        8 3 4
+ 4 2 5      - 5 7 6
    1 1        2 5 8
  8 0 3
```

Halbschriftlich multiplizieren und dividieren

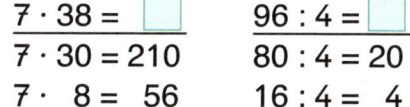

$7 \cdot 38 = \square$	$96 : 4 = \square$
$7 \cdot 30 = 210$	$80 : 4 = 20$
$7 \cdot \ \ 8 = \ \ 56$	$16 : 4 = \ \ 4$

Tauschaufgabe und Umkehraufgabe

$4 + 398 = 402$ —Ⓣ→ $398 + 4 = 402$

Ⓤ ↙ Ⓤ ↙

$402 - 398 = 4$ —Ⓣ→ $402 - 4 = 398$

$6 \cdot 90 = 540$ —Ⓣ→ $90 \cdot 6 = 540$

Ⓤ ↙ Ⓤ ↙

$540 : 90 = 6$ —Ⓣ→ $540 : 6 = 90$

Zahlen zerlegen

$$\underline{278 + 261 = 539}$$
$$200 + 200 = 400$$
$$70 + \ \ 60 = 130$$
$$8 + \ \ \ 1 = \ \ \ 9$$

9 ist fast 10

$274 + 499 = \square$
$274 + 500 - 1 = 773$

$646 - 299 = \square$
$646 - 300 + 1 = 347$

Schriftlich multiplizieren und dividieren

```
  4 3 0 9 · 6 3        5 0 7 2 : 8 = 6 3 4
  2 5 8 5 4          - 4 8
    1 2 9 2 7            2 7
  2 7 1 4 6 7          - 2 4
                          3 2
                        - 3 2
                            0
```

Die kleine Aufgabe hilft!

$4743 + 19 = 4762$
$743 + 19 = \ \ 762$

$6215 - 58 = 6157$
$215 - 58 = \ \ 157$

$300 \cdot 700 = 210\,000$
$3 \cdot \ \ 7 = \ \ \ \ \ 21$

$1500 : 50 = 30$
$15 : \ \ 5 = \ \ 3$

In Kernaufgaben zerlegen:

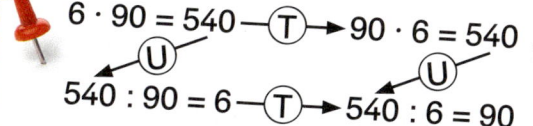

$7 \cdot 80 = (5 \cdot 80) + (2 \cdot 80)$
$\qquad\quad 400 \qquad\ 160$

① Spiel für 2 Kinder

- Ihr braucht: 1 Würfel, 1 Spielfigur, 1 Notizzettel
- Entscheidet zuerst, ob ihr
  - ▶ ·, : oder „gemischt" spielt oder
  - ▶ zum Start die Spielfigur auf I oder auf II setzt.
- Kind 1 würfelt.
- Kind 2 rückt mit der Spielfigur um die gewürfelte Zahl in Pfeilrichtung vor. Es stellt zu der Zahl im Landefeld mithilfe der Zahlen am Rand eine · - oder : Aufgabe.
- Kind 1 löst die Aufgabe im Kopf oder halbschriftlich.
- Ergebnis richtig? Nur dann bekommt Kind 1 einen Strich.
- Nun würfelt Kind 2. Kind 1 rückt vor und stellt die Aufgabe.
- Achtung: Wer würfelt, darf nicht auf das Spielfeld schauen!
- Gewonnen hat, wer am Ende die meisten Striche hat.

·	1	2	3	4	5	6	7	8	9	10	11	12	13	14	15	16	17	18	19	20
1	I																			
2		4									22	24	26	28	30	32	34	36	38	40
3			9	12		18	21	24	27		33	36	39	42	45	48	51	54	57	60
4			12	16		24	28	32	36		44	48	52	56	60	64	68	72	76	80
5					25						55	60	65	70	75	80	85	90	95	100
6			18	24		36		48	84		66	72	78	84	90	96	102	108	114	120
7			21	28		42	49	56	63		77	84	91	98	105	112	119	126	133	140
8			24	32		48	56	64	72		88	96	104	112	120	128	136	144	152	160
9			27	36		54	63	72	81		99	108	117	126	135	144	153	162	171	180
10										100					150					200
11	II	22	33	44	55	66	77	88	99	110	121	132	143	154	165	176	187	198	209	220
12		24	36	48	60	72	84	96	108	120	132	144	156	168	180	192	204	216	228	240
13		26	39	52	65	78	91	104	117	130	143	156	169	182	195	208	221	234	247	260
14		28	42	56	70	84	98	112	126	140	154	168	182	196	210	224	238	252	266	280
15		30	45	60	75	90	105	120	135	150	165	180	195	210	225	240	255	270	285	300
16		32	48	64	80	96	112	128	144	160	176	192	208	224	240	256	272	288	304	320
17		34	51	68	85	102	119	136	153	170	187	204	221	238	255	272	289	306	323	340
18		36	54	72	90	108	126	144	162	180	198	216	234	252	270	288	306	324	342	360
19		38	57	76	95	114	133	152	171	190	209	228	247	266	285	304	323	342	361	380
20		40	60	80	100	120	140	160	180	200	220	240	260	280	300	320	340	360	380	400

Aufgaben im Zahlenraum bis zur Million zum Multiplizieren und Dividieren lösen

	Einheiten	Umrechnungs-beispiele	Kommaschreibweise
Geld	1 € = 100 ct 1 Euro = 100 Cent Eine Kugel Eis kostet ungefähr 1 €.	500 ct = 5 € 1 000 ct = 10 € 2 € = 200 ct 60 € = 6 000 ct	23 € 42 ct = 23,42 € 3 € 42 ct = 3,42 € 42 ct = 0,42 € 2 ct = 0,02 €
Längen	1 km = 1 000 m 1 Kilometer = 1 000 Meter Zweieinhalb Stadion-runden sind 1 km. 1 m = 100 cm 1 Meter = 100 Zentimeter Eine Tür ist oft 1 m breit. 1 cm = 10 mm 1 Zentimeter = 10 Millimeter Der Zeigefinger ist ungefähr 1 cm breit.	3 km = 3 000 m 7 000 m = 7 km 500 cm = 5 m 80 mm = 8 cm 4 m = 400 cm 500 cm = 5 m 6 cm = 60 mm 80 mm = 8 cm	 4 m 28 cm = 4,28 m 28 cm = 0,28 m 8 cm = 0,08 m

	Einheiten	Umrechnungsbeispiele
Gewichte	1 kg = 1 000 g 1 Kilogramm = 1 000 Gramm Eine Tüte Mehl ist 1 kg schwer.	5 kg = 5 000 g 8 000 g = 8 kg
Zeit	1 Sekunde = 1 s 1 Minute = 1 min 1 Stunde = 1 h Es dauert ungefähr 1 min sich die Schuhe anzuziehen. 1 min = 60 s 1 h = 60 min 1 h = 3 600 s eine halbe Stunde = $\frac{1}{2}$ h = 30 min eine Viertelstunde = $\frac{1}{4}$ h = 15 min eine Dreiviertelstunde = $\frac{3}{4}$ h = 45 min	360 s = 6 min 1 000 s = 16 min 40 s 360 min = 6 h 1 000 min = 16 h 40 min 1 440 min = 24 h 6 h = 360 min 5 h = 300 min 2 h = 120 min 24 h = 1 Tag
Hohlmaße	1 l = 1 000 ml 1 Liter = 1 000 Milliliter In einer Milchtüte ist 1 l Milch. $\frac{1}{2}$ l = 500 ml ein halber Liter = 500 Milliliter $\frac{1}{4}$ l = 250 ml ein Viertelliter = 250 Milliliter $\frac{3}{4}$ l = 750 ml ein Dreiviertelliter = 750 Milliliter	9 l = 9 000 ml 7 000 ml = 7 l

Abkürzungen zu den standardisierten Maßeinheiten verwenden; Einheiten innerhalb eines Größenbereichs zerlegen und umwandeln

Worterklärung	MB Seite
achsensymmetrisch Eine Figur ist achsensymmetrisch, wenn sie durch Spiegelung an der Symmetrieachse auf sich selbst abgebildet wird. Symmetrieachse	68
Addition / addieren Eine Addition ist eine Plusrechnung. Addieren bedeutet dazuzählen.	6
Bruchzahlen Teile eines Ganzen werden häufig als Brüche geschrieben: $\frac{1}{2}$ ist die Hälfte, $\frac{1}{4}$ ist ein Viertel, $\frac{3}{4}$ ist ein Dreiviertel. Bruchzahlen werden häufig bei Größen verwendet: $\frac{1}{2}$ m, $\frac{1}{4}$ l, $\frac{3}{4}$ h.	15
Balkendiagramm In einem Balkendiagramm lassen sich Daten anschaulich als waagerechte Balken darstellen und vergleichen.	121
Bandornament Ein Bandornament ist eine Reihe aus einem sich wiederholenden Muster.	68

Worterklärung	MB Seite
Baumdiagramm Mit einem Baumdiagramm kann man die Anzahl von unterschiedlichen Kombinationsmöglichkeiten übersichtlich darstellen.	124
deckungsgleich Zwei Flächen sind deckungsgleich, wenn sie durch Verschieben oder Klappen genau aufeinander passen.	72
Differenz Das Ergebnis einer Subtraktion.	49
Division / dividieren Eine Division ist eine Geteiltrechnung. Dividieren bedeutet teilen.	7
Durchmesser (d) Als Durchmesser bezeichnet man alle Strecken innerhalb eines Kreises, die vom Kreisrand durch den Mittelpunkt (M) zum Kreisrand verlaufen. d Durchmesser r Radius M Mittelpunkt	66
Gerade Eine Gerade ist eine Linie ohne Anfangs- und Endpunkt.	64
Kreisdiagramm In einem Kreisdiagramm lassen sich Daten anschaulich als Kreisabschnitte darstellen.	121

Worterklärung	MB Seite
Maßstab Er gibt das Verhältnis zwischen abgebildeter und wirklicher Größe an.	76
Multiplikation / multiplizieren Eine Multiplikation ist eine Malrechnung. Multiplizieren bedeutet malnehmen.	7
Mittelpunkt (M) Der Mittelpunkt (M) eines Kreises bezeichnet den Punkt im Kreisinneren, der von allen Punkten des Kreisrands gleich weit entfernt ist (siehe Durchmesser).	66
Parallel, Parallele Zwei Geraden sind parallel, wenn der Abstand zwischen ihnen immer gleich groß ist. Sie schneiden sich nie.	64
Parkett Ein Parkett ist eine Fläche aus sich wiederholenden Musterreihen.	69
Primzahl Primzahlen sind Zahlen, die nur durch 1 und sich selbst teilbar sind.	27
Probe (P) Mit der Probe überprüft man, ob ein Ergebnis richtig ist. Bei der Addition und Multiplikation kann man die Tauschaufgabe (T) rechnen, bei der Subtraktion und Division rechnet man die Umkehraufgabe (U). $4 \cdot 80 = 320$ —(T)→ $80 \cdot 4 = 320$ $120 : 3 = 40$ —(U)→ $40 \cdot 3 = 120$	6

Worterklärung	MB Seite
Prüfzahl (Quersumme) Wenn du die Ziffern eines Ergebnisses zusammenzählst, erhältst du die Prüfzahl. Beispiel: $5 + 7 = 12$ Addiere die Ziffern 1 und 2. $1 + 2 = 3$ → die Prüfzahl ist 3	46, 107
Radius (r) Der Radius ist die Strecke vom Kreismittelpunkt zum Kreisrand.	66
Rauminhalt Der Inhalt eines Körpers.	75
rechter Winkel Wenn eine Linie senkrecht auf eine andere Linie trifft, entsteht ein rechter Winkel.	64
Runden Du kannst auf Zehner, Hunderter usw. runden. Bis 4 musst du abrunden, ab 5 musst du aufrunden. Auf Zehner gerundete Zahlen enden mit einer Null: $124 \approx 120$; $125 \approx 130$ Auf Hunderter gerundete Zahlen enden mit zwei Nullen: $149 \approx 100$; $151 \approx 200$ usw.	11
Säulendiagramm In einem Säulendiagramm lassen sich Daten anschaulich als senkrechte Säulen darstellen und vergleichen.	121
senkrecht Eine Linie steht senkrecht auf einer anderen Linie, wenn sie mit ihr einen rechten Winkel bildet.	65

Worterklärung	MB Seite
Skizze Eine Skizze ist eine einfache Zeichnung, die Wesentliches möglichst klar darstellt.	13, 114
Stellenwerttabelle Diese Tabelle zeigt die Werte der Ziffern in einer Zahl. In jeder Zahl ist eine Stellenwerttabelle versteckt. Beispiel: Die Zahl 123456 HT ZT T H Z E 1 2 3 4 5 6	32
Strecke Eine Strecke ist eine gerade Linie mit Anfangs- und Endpunkt. A B	65
Subtraktion / subtrahieren Eine Subtraktion ist eine Minusrechnung. Subtrahieren bedeutet abziehen.	6
Summe Das Ergebnis einer Addition.	49
Tauschaufgabe (T) $3 + 326 = 329$ –(T)→ $326 + 3 = 329$ $2 \cdot 90 = 180$ –(T)→ $90 \cdot 2 = 180$	18
Teiler Teiler einer Zahl sind alle Zahlen, durch die die Zahl ohne Rest geteilt werden kann. Beispiel: Teiler von 12 $12 : 1 = 12$ $12 : 4 = 3$ $12 : 2 = 6$ $12 : 6 = 2$ $12 : 3 = 4$ $12 : 12 = 1$ Teiler von 12: 1, 2, 3, 4, 6, 12.	27
Überschlagen nennt man das Rechnen mit gerundeten Zahlen. Beispiel: $58,78€ + 132,16€ =$ ☐ Ü: $60€ + 130€ = 190€$	6, 11

Worterklärung	MB Seite
Umkehraufgabe (U) $538 - 287 = 251$ $7 \cdot 9 = 63$ (U) (U) $251 + 287 = 583$ $63 : 9 = 7$	18
vergrößern/Vergrößerung Von etwas eine größere Kopie herstellen.	80
verkleinern/Verkleinerung Von etwas eine kleinere Kopie herstellen.	76
Verwandte Aufgaben Es sind Umkehr- und Tauschaufgaben. $398 + 4 = 402$ -(T)→ $4 + 398 = 402$ (U) (U) $402 - 4 = 398$ -(T)→ $402 - 398 = 4$	12
Vielfache Ein Vielfaches ist immer das Ergebnis einer Malaufgabe. Beispiel: Vielfache von 5 sind 10, 15, 20, 25, …	27
waagerecht bedeutet parallel zum Horizont.	65
Zahl Eine Zahl besteht aus Ziffern. Die Zahl 123 hat die Ziffern 1, 2 und 3. Eine Zahl kann ein- oder mehrstellig sein: 5, 55, 555, …	33
Zielzahl Die Zahl im obersten Stein einer Rechenmauer. 1000 ←Zielzahl 542 225 130 222 83 12	9
Ziffer Es gibt zehn verschiedene Ziffern: 0, 1, 2, 3, 4, 5, 6, 7, 8 und 9. Aus Ziffern kannst du Zahlen bilden.	33